渡辺則生 著

ファジィ時系列解析

統計学 8 One Point

共立出版

「統計学 One Point」編集委員会

鎌倉稔成　（中央大学理工学部，委員長）
江口真透　（統計数理研究所）
大草孝介　（九州大学大学院芸術工学研究院）
酒折文武　（中央大学理工学部）
瀬尾　隆　（東京理科大学理学部）
椿　広計　（独立行政法人統計センター）
西井龍映　（九州大学マス・フォア・インダストリ研究所）
松田安昌　（東北大学大学院経済学研究科）
森　裕一　（岡山理科大学経営学部）
宿久　洋　（同志社大学文化情報学部）
渡辺美智子（慶應義塾大学大学院健康マネジメント研究科）

「統計学 One Point」刊行にあたって

　まず述べねばならないのは，著名な先人たちが編纂された共立出版の『数学ワンポイント双書』が本シリーズのベースにあり，編集委員の多くがこの書物のお世話になった世代ということである．この『数学ワンポイント双書』は数学を理解する上で，学生が理解困難と思われる急所を理解するために編纂された秀作本である．

　現在，統計学は，経済学，数学，工学，医学，薬学，生物学，心理学，商学など，幅広い分野で活用されており，その基本となる考え方・方法論が様々な分野に散逸する結果となっている．統計学は，それぞれの分野で必要に応じて発展すればよいという考え方もある．しかしながら統計を専門とする学科が分散している状況の我が国においては，統計学の個々の要素を構成する考え方や手法を，網羅的に取り上げる本シリーズは，統計学の発展に大きく寄与できると確信するものである．さらに今日，ビッグデータや生産の効率化，人工知能，IoT など，統計学をそれらの分析ツールとして活用すべしという要求が高まっており，時代の要請も機が熟したと考えられる．

　本シリーズでは，難解な部分を解説することも考えているが，主として個々の手法を紹介し，大学で統計学を履修している学生の副読本，あるいは大学院生の専門家への橋渡し，また統計学に興味を持っている研究者・技術者の統計的手法の習得を目標として，様々な用途に活用していただくことを期待している．

　本シリーズを進めるにあたり，それぞれの分野において第一線で研究されている経験豊かな先生方に執筆をお願いした．素晴らしい原稿を執筆していただいた著者に感謝申し上げたい．また各巻のテーマの検討，著者への執筆依頼，原稿の閲読を担っていただいた編集委員の方々のご努力に感謝の意を表するものである．

編集委員会を代表して　鎌倉稔成

まえがき

　1965 年，Zadeh によるファジィ集合の論文 [22] が発表された．その後制御への応用が進み，仙台の地下鉄の自動運転や家電へ取り入れられたことによってファジィブームが起きたのは 1990 年のことであった．

　ファジィ理論が制御において大きな成果を上げた後，さまざまな分野に取り入れられるようになった．統計の分野では，クラスタリングへの応用が早い時期になされた．しかし統計の世界では，ファジィか確率かという議論が起こるなど，必ずしもファジィ理論は広く受け入れられているとは言えないようである．本書では，ファジィ制御などで用いられるファジィシステムを統計モデルとして利用する．入出力システムとしてのファジィシステムは，入力，出力ともに通常の数値変数であり，入出力にあいまいさは含まれない．システムの記述にファジィ理論が使われているにすぎず，さまざまな分野に応用できるものである．

　本書は時系列解析およびファジィ理論の入門書と位置づけられよう．したがってファジィ理論の知識は前提としない．初等的集合論のごく基本的な知識のみあればよい．また，時系列解析についての知識も前提としない．確率・統計に関する基本的知識があれば十分であろう．時系列解析の基本は，非線形モデルを含め第 4, 5 章で扱っている．これらの章は，ファジィ理論とは独立した内容となっており，時系列解析の入門書的な扱いが可能である．本書の特徴は，ファジィ理論と統計とのかかわりを扱っている点にある．このようなかかわりについて述べられている入門的書籍はほとんどないと言ってよい．一方，時系列解析については専門的内容も含んでいる．ファジィ理論とは別に非線形時系列モデルについて一章を割いている．さらに，ファジィシステムを応用した非線形モデルについて紹介している点も本書の特徴と言えよう．ファジィシステムを応用した非線形モデルは，扱いやすく有用である．

ファジィ理論には，ファジィ集合・ファジィ測度・ファジィ論理という三本柱があるが，本書では，ファジィ測度，ファジィ論理には立ち入らない．ファジィ集合の基本的な準備をした上で，ファジィ集合を用いたファジィ推論について解説する．本書ではファジィ推論に基づいたファジィシステムが大きな役割を果たす．ファジィシステムは比較的シンプルな構造を持っているが，応用範囲は広い．ここでは統計的な応用として時系列モデルに限定するが，非線形回帰分析などにも直接応用できる内容を本書は含んでいる．

　時系列解析に関しては，基本的な事柄のみを解説する．時系列解析のなかで重要な位置を占めるスペクトル解析については言及しない．時系列解析の理論的展開を含め，詳細については他書にゆずる．そして非線形時系列モデルに関して簡単に触れたあと，ファジィシステムに基づいた非線形時系列モデルについて解説する．基本的には非線形の定常過程が対象となる．非定常過程への応用としては，トレンドにファジィシステムを想定したファジィトレンドモデルを紹介する．ファジィトレンドモデルは，トレンドを推定するための移動平均法と曲線のあてはめを行う多項式回帰の中間に位置づけることができるものである．

　本書を通し，ファジィ理論における方法論やモデルのなかには簡単に統計的応用に結び付けられるものがあり，統計的方法をより豊かにしうることを理解してもらうことができれば幸いである．さらには，本書で提供している材料を足がかりとして，ファジィ理論本来の対象である主観的なあいまいさを統計的に解析するための議論へつながっていくことも期待する．

　ファジィ理論の生みの親 Zadeh 教授は 2017 年 9 月に永眠された．Zadeh 教授はファジィと確率の関係についても言及されてきた．[23] などを参照されたい．

　最後に，出版の機会を与えていただいた共立出版編集部，閲読していただいた先生方，そして本シリーズを企画された鎌倉稔成教授に深く感謝申し上げます．

2018 年 5 月

渡辺則生

目　次

第1章　ファジィ理論と統計　　*1*

第2章　ファジィ集合　　*5*
- 2.1　クリスプ集合とファジィ集合 ……………………………… *5*
- 2.2　基本的な演算 ………………………………………………… *8*
- 2.3　分解原理と拡張原理 ………………………………………… *13*
- 2.4　直積 …………………………………………………………… *18*

第3章　ファジィシステム　　*22*
- 3.1　ファジィ関係 ………………………………………………… *22*
- 3.2　ファジィシステム …………………………………………… *24*
- 3.3　ファジィ推論 ………………………………………………… *27*
- 3.4　ファジィ制御 ………………………………………………… *34*
- 3.5　高木-菅野のファジィシステム ……………………………… *36*

第4章　時系列モデル　　*43*
- 4.1　時系列解析の基本 …………………………………………… *43*
- 4.2　確率過程 ……………………………………………………… *44*
- 4.3　時系列モデル ………………………………………………… *46*
- 4.4　推定 …………………………………………………………… *48*
  - 4.4.1　概観 …………………………………………………… *48*
  - 4.4.2　自己回帰モデルの推定 ……………………………… *49*
- 4.5　予測 …………………………………………………………… *51*
- 4.6　時系列の分解と自己回帰モデルの推定の例 ……………… *51*
  - 4.6.1　時系列データ ………………………………………… *51*

4.6.2　時系列の分解 ……………………………………… 51
　　4.6.3　自己回帰モデルの推定 ……………………………… 54

第5章　非線形時系列モデル　58
5.1　線形と非線形 …………………………………………………… 58
5.2　決定論的システムと確率的システム ………………………… 59
　　5.2.1　カオス ………………………………………………… 59
　　5.2.2　ロジスティック写像 ………………………………… 60
5.3　非線形自己回帰モデル ………………………………………… 62
5.4　閾値モデル ……………………………………………………… 63

第6章　ファジィ時系列モデル　66
6.1　ファジィ自己回帰モデル ……………………………………… 66
　　6.1.1　高木–菅野のファジィシステムによるモデル ……… 66
　　6.1.2　モデルの例 …………………………………………… 67
　　6.1.3　同定 …………………………………………………… 69
　　6.1.4　推定 …………………………………………………… 71
　　6.1.5　適用例 ………………………………………………… 73
6.2　ファジィ TAR モデル ………………………………………… 75
　　6.2.1　TAR モデルのファジィ化 …………………………… 75
　　6.2.2　同定と推定 …………………………………………… 76
　　6.2.3　適用例 ………………………………………………… 76

第7章　ファジィトレンドモデル　80
7.1　トレンドの推定法 ……………………………………………… 80
7.2　ファジィトレンドモデル ……………………………………… 81
　　7.2.1　同定と推定 …………………………………………… 84
　　7.2.2　適用例 ………………………………………………… 86
　　7.2.3　季節成分を持つファジィトレンドモデル ………… 87
　　7.2.4　季節成分のあるモデルの適用例 …………………… 89

  7.2.5 多変量ファジィトレンドモデル ································ *91*

参考文献   *97*

索　引   *99*

第1章

ファジィ理論と統計

　ファジィ理論は主観的なあいまいさ「ファジィネス」を扱うための理論である．

　本書におけるファジィ理論の統計的方法への応用では，データに主観的なあいまいさが含まれている状況を想定するわけではない．しかし，主観的なあいまいさを直接解析の対象とする統計的応用もありうる．ファジィ理論の統計的応用においては，「あいまいさ」の意味やその位置づけを明確にすることが重要である．それによって用いるべき方法論も変わってくる．三つの例を示す．

(1) 主観的なあいまいさが解析の対象であり，主観的なあいまいさが含まれるようなファジィデータであれば，ファジィ集合に関するさまざまな演算法などを用いた方法論を適用しなければならない．本章の後半で簡単に言及する．
(2) 結果を明確に yes か no としないで，五分五分といったあいまいな結果を許すといったファジィ化もある．以下で触れるファジィクラスタリングがその例となる．一般にはデータにあいまいさは含まれず，方法論は (1) と大きく異なってくる．
(3) データにも結果にもあいまいさは含まれないが，統計的モデルの記述にファジィ集合を利用できる．本書では主にこのような応用を考える．制御におけるファジィ理論の応用もこの場合に相当する．

最初に，統計とファジィ理論とのかかわりについて概観する．

ファジィ理論は比較的早い時期にクラスタリングへ応用された．代表的なものがファジィ k-means 法（ファジィの分野ではファジィ c-means 法 (FCM) と呼ばれることが多い）で，通常の k-means 法をファジィ化したものである．k-means 法は，多変量データを k 個のクラスタへ分類するための，非階層型のクラスタリング手法である．すべてのデータは，いずれかひとつのクラスタのみに属するという結果が得られる．これに対してファジィ k-means 法では，中間的な状態が許され，属する度合いが決まるようになっている．たとえば $k = 2$ で，データがふたつのクラスタの中心から等距離に位置している場合は，それぞれのクラスタへ属する度合いが 50% という結果になる．自然な一般化であり，データに主観的なあいまいさが含まれない状況におけるファジィ理論の応用と言える．

ファジィ事象という概念もある．ファジィ事象の確率を定義することができ，統計的方法にファジィ事象を応用するという研究がいろいろなされている．これらについては，統計的観点から疑問が残る点がある ([10])．第一はデータの確率構造が不明確である点である．第二は，何らかの形で確率が定義されたら最尤法など通常の統計的手法を適用するのが妥当であるが，根拠を示すことなく異なるアプローチを取っている点である．近似的手法という解釈は可能であるが，統計的手法としての大きな意義はないと考えてよいようである．なお，ファジィ事象の概念自体は，意思決定の分野などで重要な役割を果たしうる．あいまいな情報のもとでの意思決定をファジィ事象を用いて定式化するような場合であり，上記の統計的応用とは大きく異なる問題となる．

ファジィ時系列を定義し，その解析や予測を扱うという研究もある．実際の応用では，数値データをファジィ化するというステップが入ってくることが多く，客観性に問題がある．すなわち，あいまいさの幅を決めるところが恣意的になる可能性があり，よい結果になるようなチューニングを行う余地が生じる．統計的な時系列解析の手法との比較などもなされているが，同等に比較できる手法ではないと考えるべきであろう．

ファジィデータの統計的解析もある．言葉の意味に直接かかわるような

データ解析の場合，データに主観的なあいまいさが含まれる．このようなあいまいさをファジィ集合で表現し，ファジィ集合の形で与えられたデータの解析を行うのがファジィデータの統計的解析である．一般の数値データが確率変数の実現値とみなせるのと同じように，ファジィ確率変数という概念が確立されている．ファジィ確率変数の数学的期待値なども定義でき，ファジィデータの標本平均を計算するという形で期待値の推定も可能である．ファジィデータの統計的解析における本質的な問題は，ファジィデータをどうやって取得するかという，観測の問題であろう．主観的なものをどうやって客観的に観測すればよいかということであり，むずかしい問題である．より正確に観測しようとすればするほど情報量が多く必要となる．あいまいな概念に関してより多くの情報を得ようとすることは簡単ではない．ある種のパラドックスが生じると考えてよい．また，一般的なファジィ化の考え方を形式的に適用してしまうと，あいまいさの幅が大きく広がってしまい意味のある情報が抽出できなくなってしまうということも少なくない．データから意味のある情報を抽出する手法としてのファジィデータの統計的解析法は，まだ確立されていないと言ってよい．基本的に本書ではファジィデータの統計的解析法については扱わないが，第2章には，直接関連してくる基礎的な概念が含まれている．

　本書で時系列解析に応用するのはファジィシステムである．ファジィシステムを用いる意義は，これが非線形システムを表現することができることにある．すなわち，これによって非線形時系列モデルが構成できる．この考え方は，時系列解析のみならず，たとえば非線形回帰分析に直接適用することが可能である．対象となるデータにあいまいさは含まれず，用いるシステムの記述にファジィの概念が使われているにすぎない．したがって通常の確率モデルとなっている．

　本書の構成は以下のとおりである．第2章でファジィ集合について概説する．本書の応用とは直接かかわりがなくても，基本的な事柄についてはひととおり説明する．第3章では，ファジィ集合を用いたファジィシステムについて扱う．そのなかのひとつのシステムはファジィ制御などによく使われるもので，統計モデルとしても有用である．第4章で，もっ

とも基本的で重要な統計的時系列モデルである自己回帰モデルについて簡単に触れる．自己回帰モデルは典型的な線形モデルであるが，第5章で非線形時系列モデルについて述べる．具体的な非線形モデルとしてはTARモデルを取り上げる．第6章において，ファジィシステムを応用した非線形モデルについて解説する．最後にファジィトレンドモデルを第7章で紹介する．

本書で扱うのは，ファジィ理論および時系列解析についてのほんの一部である．ファジィ理論については文献 [1], 時系列解析については文献 [4], [6], [2] などを参照されたい．ニューラルネットワークを含んだ非線形時系列モデリングについて扱ったものとしては文献 [3] がある．

第 2 章

ファジィ集合

本章では,ファジィ集合の基礎について概説する.本書で必要とする概念や性質のほか,統計的方法と関連のある事柄についても触れる.

2.1 クリスプ集合とファジィ集合

ファジィ集合に対し,従来の集合を明示的に指す場合にはクリスプ集合という名称を用いる.それぞれの名称は,ある集合とそれ以外の境界が明確(クリスプ)か,あいまい(ファジィ)かという違いからきている.

クリスプ集合 A は,全体集合 X の部分集合として定義される.X の任意の要素 x は A に属するかそうでないかが定まる.A が与えられたとき,定義域を X,値域を $\{0,1\}$ とする関数 μ_A を,

$$\mu_A(x) \equiv \begin{cases} 1 & \text{if } x \in A \\ 0 & \text{if } x \notin A \end{cases} \tag{2.1}$$

と定義する.μ_A は特性関数または定義関数と呼ばれる.逆に,定義域を X,値域を $\{0,1\}$ とする関数 μ_B が与えられると,

$$B \equiv \{x | \mu_B(x) = 1, x \in X\} \tag{2.2}$$

としてクリスプ集合 B が定義できる.クリスプ集合は特性関数によって定義できると考えてよい.

ファジィ集合は，特性関数の値域を 2 点の集合 $\{0,1\}$ から，2 点間の集合 $[0,1] = \{x|0 \leq x \leq 1\}$ に拡張したものである．

定義 2.1

全体集合 X に対し，写像

$$\mu_A : X \longrightarrow [0,1]$$

が与えられているとき，A を X の**ファジィ部分集合**という．

ファジィ部分集合を略してファジィ集合と呼ぶことが多い．数学的には μ_A をファジィ集合としたほうが明快であるが，応用上は，μ_A で特徴づけられるものや概念（μ_A のラベル）をファジィ集合と呼んだほうが理解しやすいので，本書でもそれに従う．この μ_A は**メンバシップ関数**と呼ばれる．x に対するメンバシップ関数の値 $\mu_A(x)$ は，メンバシップ値または**グレード**と呼ばれ，x が A に属する度合いを表す．$\mu_A(x) = 1$ のとき，x が A に属する度合いは 100%，$\mu_A(x) = 0$ のときは属する度合いが 0% を意味する．すなわち，ファジィ集合では属する度合いに中間的状態が許される．あきらかに $\{0,1\} \subset [0,1]$ なので，クリスプ集合の特性関数はメンバシップ関数の特別な場合である．つまり，クリスプ集合はファジィ集合の特別な場合と位置づけられる．

例として，背が「高い」という言葉を集合で表すことを考える．たとえば標準的な日本人の男子大学生を対象として，身長のみで背が「高い」かどうかが決まるものとする．このとき，全体集合は身長 (cm) の集合で，たとえば $X = (0, 220]$ とすることができよう（一般に X は $[0, \infty)$ の部分集合で，対象や状況によってさまざまな定義がありうる）．クリスプ集合の場合，180 cm 以上の人が $A = $ 「高い」に該当すると考えたときは，$A = [180, 220]$ とすることができる．特性関数は図 2.1(a) のステップ関数で与えられることになる．この場合，180 cm をほんのわずか下回るだけで「高い」には該当しないことになるというギャップが生じ，不自然な結果になる．これをより自然に扱おうというのがファジィ集合で，たとえ

2.1 クリスプ集合とファジィ集合

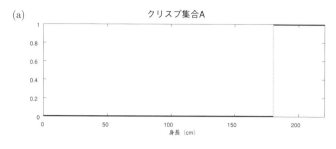

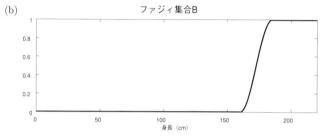

図 2.1 クリスプ集合とファジィ集合

ば図 2.1(b) のなめらかなメンバシップ関数でファジィ集合としての $B =$「高い」が定義できることとなる.

これらの関数は主観的なものであり,評価者それぞれによって異なる.また同じ評価者であっても,状況や対象によっても変わりうる.しかし,いったんメンバシップ関数の形にすることができれば,その後は客観的な扱いが可能となる.ファジィ理論の基本的な考え方は,主観的なものを,より自然に,そして客観的に扱おうというものである.なお,同じ「高い」について,対象としている集団のメンバーが要素であるような集合を X とすることも考えられる.この場合は,ひとりひとりがどの程度「高い」に該当するかを決定するのがメンバシップ関数となる.

ファジィ集合に関し基本となるふたつの**関係**を定義する. A, B を全体集合 X のファジィ部分集合として,それぞれのメンバシップ関数を μ_A, μ_B とおく.

定義 2.2（同値関係）
$$A = B \iff \mu_A(x) = \mu_B(x) \quad \forall x \in X \tag{2.3}$$

これは，ファジィ集合が等しいのは，それぞれのメンバシップ関数が恒等的に等しいときに限ることを意味している．ファジィ集合間の公式が成立することを証明するような場合は，左辺と右辺のメンバシップ関数が等しいことを言えばよい．

定義 2.3（包含関係）
$$A \subset B \iff \mu_A(x) \leq \mu_B(x) \quad \forall x \in X \tag{2.4}$$

全体集合 X や空集合 $\emptyset$ もファジィ集合の特別な場合となる．それぞれのメンバシップ関数は，

$$\mu_X(x) = 1 \quad \forall x \in X \tag{2.5}$$
$$\mu_\emptyset(x) = 0 \quad \forall x \in X \tag{2.6}$$

となる．また，任意のファジィ集合 A に対して $\emptyset \subset A \subset X$ が成立する．

2.2 基本的な演算

クリスプ集合と同様に，和，積，否定といった演算がファジィ集合に対しても定義できる．集合の言葉でいうと，和集合（合併集合），積集合（共通集合），補集合が定義できる．最初に準備をする．

定義 2.4

任意のふたつの実数 a, b に対し，

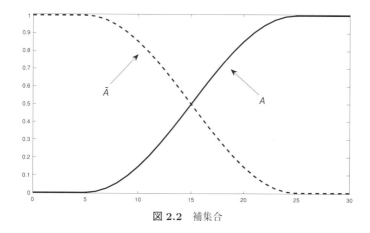

図 2.2 補集合

$$a \vee b \equiv \max(a, b) \tag{2.7}$$

$$a \wedge b \equiv \min(a, b) \tag{2.8}$$

　基本的な考え方は，クリスプ集合における定義の拡張となるような定義を採用するということである．この際，拡張のしかたは一意的ではなく，さまざまな拡張のしかたが考えられ，いくつかの異なる定義が実際に使われている．本書では基本的な演算の定義を示す．

　A, B を全体集合 X のファジィ部分集合として，それぞれのメンバシップ関数を μ_A, μ_B とおく．単項演算である否定は，A に対し補集合 $\bar{A}$ を対応させる演算である．ファジィ集合としての補集合のもっとも基本的な定義は次のとおりである．

定義 2.5

　次のメンバシップ関数で定まるファジィ集合を補集合といい，$\bar{A}$ と表す．

$$\mu_{\bar{A}}(x) \equiv 1 - \mu_A(x) \quad \forall x \in X \tag{2.9}$$

【例 2.1】 X を実数区間として μ_A が図 2.2 の実線で与えられているとす

る．このとき，図2.2の破線がメンバシップ関数であるようなファジィ集合が補集合 $\bar{A}$ となる．

一般に補集合 $\bar{A}$ は，A の否定「not A」を意味していると解釈できる．

ファジィ集合の補集合についても二重否定の法則が成立することが簡単に確かめられる．

定理 2.1 （二重否定の法則）

$$\bar{\bar{A}} = A \tag{2.10}$$

二項演算である和と積は，任意のファジィ集合 A, B に対しファジィ集合としての和集合 $A \cup B$，積集合 $A \cap B$ を対応させる演算である．$A \cup B$ と $A \cap B$ は以下のように定義される．

定義 2.6

次のメンバシップ関数で定まるファジィ集合を和集合といい，$A \cup B$ と表す．

$$\mu_{A \cup B}(x) \equiv \mu_A(x) \vee \mu_B(x) \quad \forall x \in X \tag{2.11}$$

定義 2.7

次のメンバシップ関数で定まるファジィ集合を積集合といい，$A \cap B$ と表す．

$$\mu_{A \cap B}(x) \equiv \mu_A(x) \wedge \mu_B(x) \quad \forall x \in X \tag{2.12}$$

一般に和集合 $A \cup B$ と積集合 $A \cap B$ は，それぞれ「A or B」と「A and B」を意味していると解釈できる．これはもっとも基本的な和と積であり，特に論理和，論理積と呼ばれる．

これらの補集合，和集合，積集合の定義がクリスプ集合に対する定義の

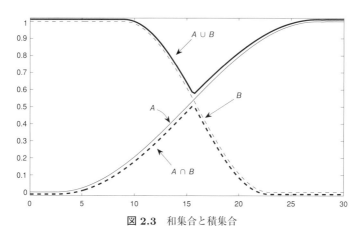

図 2.3 和集合と積集合

拡張になっていることは，$1-0=1, 1-1=0, 0 \vee 1=1, 0 \wedge 1=0$ などよりあきらかであろう．

【例 2.2】 μ_A と μ_B が図 2.3 の細い実線と破線で与えられているとする．このとき，$A \cup B$ のメンバシップ関数が太い実線で，$A \cap B$ が破線で与えられる（実際は，太い実線や破線は細い実線や破線の上にある）．

ここで定義した補集合，和集合，積集合については，クリスプ集合と同様，ド・モルガンの法則が成立していることがわかる．また，和集合，積集合については，結合法則，交換法則，分配法則も成立している．

定理 2.2 （ド・モルガンの法則）

$$\overline{A \cup B} = \bar{A} \cap \bar{B} \tag{2.13}$$

$$\overline{A \cap B} = \bar{A} \cup \bar{B} \tag{2.14}$$

【例 2.3】 $X=(-\infty, \infty)$ を全体集合とするファジィ部分集合 A, B が次のメンバシップ関数で与えられているとする（図 2.4(a)）．

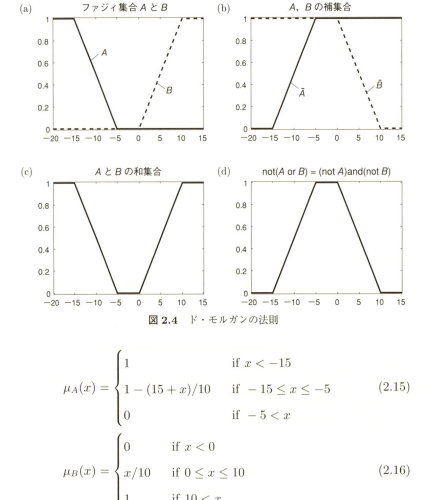

図 2.4 ド・モルガンの法則

$$\mu_A(x) = \begin{cases} 1 & \text{if } x < -15 \\ 1 - (15+x)/10 & \text{if } -15 \leq x \leq -5 \\ 0 & \text{if } -5 < x \end{cases} \quad (2.15)$$

$$\mu_B(x) = \begin{cases} 0 & \text{if } x < 0 \\ x/10 & \text{if } 0 \leq x \leq 10 \\ 1 & \text{if } 10 < x \end{cases} \quad (2.16)$$

$\overline{A \cup B}$ は，図 2.4(c) のメンバシップ関数を 1 から引いて得られ，$\bar{A} \cap \bar{B}$ は，(b) のメンバシップ関数の小さい方をとったものになっており，結果として一致している（図 2.4(d)）．

例 2.3 の A は「およそ -10 以下」，B は「およそ 5 以上」といった意味を持つ．$\overline{A \cup B}$ は，「およそ -10 以下 または およそ 5 以上 ではない」，

$\bar{A} \cap \bar{B}$ は，「およそ -10 以下ではなく，かつ およそ 5 以上ではない」と解釈できる．ド・モルガンの法則は，上述の定義に従えばこれらが一致することを示している．

> **注意**
> 自然言語における否定や，「または」，「かつ」がこのような関係にあるということを主張しているわけではない．また，"not"，"or"，"and" については，先述のとおり，ほかの定義もあり，組み合わせによってド・モルガンの法則が成立することも，しないこともある．

ここまでは，クリスプ集合と同様に成立する基本的な性質をみてきた．一方，クリスプ集合では成立しているが，ファジィ集合では一般には成立していない性質として，「排中律」と「矛盾律」がある．A がクリスプ集合のとき，

$$排中律 \quad A \cup \bar{A} = X \tag{2.17}$$

$$矛盾律 \quad A \cap \bar{A} = \emptyset \tag{2.18}$$

が成立する．しかし，A がクリスプではないファジィ集合のとき，つまり，0 より大で 1 より小さいグレードを持つ要素が存在するとき，$A \cup \bar{A}$ および $A \cap \bar{A}$ のグレードが 1 や 0 になることはないので，排中律と矛盾律は成立しえない．この性質はファジィ集合の本質を表している．すなわち，中間的な状態が許され，また，yes でもあり no でもあるということがありうるのがファジィ集合である．

2.3　分解原理と拡張原理

ファジィ集合に関する理論的な性質を調べたり，実際に計算をしたりするときに重要な役割を果たす集合を定義する．

定義 2.8　(α-カット)

任意の $\alpha \in (0, 1]$ に対し，

$$A_\alpha \equiv \{x | \mu_A(x) \geq \alpha, \forall x \in X\} \tag{2.19}$$

A_α は，グレードが α 以上となる要素からなるクリスプ集合であり，**弱 α-カット**または **α-レベル集合**と呼ばれる．強 α-カットは定義のなかの不等式から等号をはずした形で定義される．本書では弱 α-カットのみを用いるので，単に α-カットと呼ぶことにする．

【例 2.4】（連続区間の例） $X = (-\infty, \infty)$ として

$$\mu_A(x) = (1 - |x - 5|/2) \vee 0$$

によって定義する．このとき，

$$A_\alpha = [3 + 2\alpha, 7 - 2\alpha] \quad \forall \alpha \in (0, 1]$$

【例 2.5】（有限集合の例） $Y = \{1, 2, 3, 4, 5\}$ を全体集合とするファジィ集合 B を，$\mu_B(1) = 0$, $\mu_B(2) = 0.25$, $\mu_B(3) = 0.5$, $\mu_B(4) = 0.75$, $\mu_B(5) = 1$ によって定義する．このとき

$$B_\alpha = \begin{cases} \{2, 3, 4, 5\} & \text{if } 0 < \alpha \leq 0.25 \\ \{3, 4, 5\} & \text{if } 0.25 < \alpha \leq 0.5 \\ \{4, 5\} & \text{if } 0.5 < \alpha \leq 0.75 \\ \{5\} & \text{if } 0.75 < \alpha \leq 1 \end{cases}$$

となる．

分解原理は，ファジィ集合が，クリスプ集合である α-カットの集まりから復元できることを示す定理である．

定理 2.3 （**分解原理**）

X の任意のファジィ部分集合 A について，次式が成立する．

2.3 分解原理と拡張原理

$$\mu_A(x) = \sup_{\alpha \in (0,1]} \{\alpha \wedge \mu_{A_\alpha}(x)\} \tag{2.20}$$

ここでメンバシップ関数 μ_{A_α} はクリスプ集合 A_α の特性関数となる．和集合の定義を無限個の場合について拡張すれば，この定理は次のように表現できる．

定理 2.4

$$A = \bigcup_{\alpha \in (0,1]} \alpha A_\alpha \tag{2.21}$$

ただし αA_α は，メンバシップ関数が $\alpha \cdot \mu_{A_\alpha}$ で与えられるファジィ集合である．

結果として，

$$A \longleftrightarrow \{A_\alpha ; \alpha \in (0,1]\}$$

となる．ここで，左辺の A が与えられると右辺の A_α が得られるのはあきらかである．しかし，どのような条件を満たす A_α が与えられたときに対応するファジィ集合 A が存在するのかが問題となる．たとえば $\alpha \leq \beta$ のとき，$A_\alpha \supset A_\beta$ となる．したがって単調性が必要条件となる．しかし単調性のみでは不十分で，さらに条件が必要であることが示されている ([5])．

【例 2.6】 図 2.5 は，A のメンバシップ関数が連続であるときの例である．細い実線で表されている矩形状のグラフは，いくつかの α に対する αA_α のメンバシップ関数を表している（細い点線で示される閉区間内で α，それ以外では 0 となる）．無限個の矩形状のグラフを考え，その上限を結んで得られる曲線が，太い実線で表されている A のメンバシップ関数と一致していることはあきらかであろう．

このような結果が，任意の全体集合，任意のファジィ集合について成立

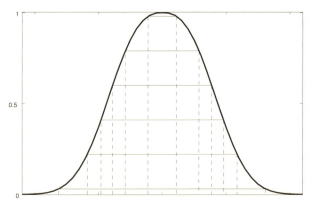

図 2.5 分解原理

しているというのが分解原理である．本書では分解原理を直接用いることはないが，たとえばファジィ確率変数についての理論的研究において重要な役割を果たしている．また，ファジィデータから平均的ファジィ集合を求めたい際には，有限個の α-カットを用いての近似計算が可能となる．ファジィデータの標本平均については後述する．

拡張原理は，一般の関数 $y = f(x)$ の独立変数 x に，ファジィ集合 A を代入することを可能にする定義のことである．数学的には，クリスプ集合 A の像 $f(A) = \{y | y = f(x), \forall x \in X\}$ の拡張となる．

定義 2.9 （拡張原理 1）

f を，定義域が X，値域が Y であるような関数とし，A を X のファジィ部分集合とする．このとき，Y を全体集合とするファジィ部分集合 $f(A)$ を次のメンバシップ関数により定義する．

$$\mu_{f(A)}(y) \equiv \begin{cases} \sup_{x \in \Lambda(y)} \mu_A(x) & \text{if } \Lambda(y) \neq \emptyset \\ 0 & \text{if } \Lambda(y) = \emptyset \end{cases} \quad (2.22)$$

ただし y は Y の任意の要素で，$\Lambda(y) \equiv \{x | f(x) = y, x \in X\}$．

拡張原理は，多変数関数についても定義できる．たとえば $z = f(x,y)$，$x \in X, y \in Y, z \in Z$ とする．

定義 2.10 （拡張原理 2）

A, B を X, Y のファジィ部分集合とする．このとき，Z を全体集合とするファジィ部分集合 $f(A, B)$ を次式により定義する．

$$\mu_{f(A,B)}(z) \equiv \begin{cases} \sup_{(x,y)\in\Lambda(z)}\left(\mu_A(x) \wedge \mu_B(y)\right) & \text{if } \Lambda(z) \neq \emptyset \\ 0 & \text{if } \Lambda(z) = \emptyset \end{cases} \quad (2.23)$$

ただし $\Lambda(z) \equiv \{(x,y)|f(x,y) = z, x \in X, y \in Y\}$．

α-カットについては，次の性質が成り立つ．

定理 2.5

定義 2.10 と同じ仮定をする．このとき，適当な条件のもとで，

$$\bigl(f(A, B)\bigr)_\alpha = f(A_\alpha, B_\alpha) \quad \forall \alpha \in (0, 1] \quad (2.24)$$

詳細は文献 [5] 参照．分解原理により，クリスプ集合の像 $f(A_\alpha)$，$f(A_\alpha, B_\alpha)$ を求めることによって，ファジィ集合 $f(A)$ や $f(A, B)$ が得られることがわかる．

拡張原理を用いることにより，多くの方法論にファジィ集合の考え方を導入することができるようになる．たとえばファジィを導入した OR は，ファジィ OR と呼ばれる．そのような応用で重要な役割を果たすのは，あいまいさを含んだ数「ファジィ数」である．

【例 2.7】 図 2.6 の左側のメンバシップ関数は，「およそ -5」，右側は「およそ 5」という意味を持つファジィ数の例である．

ファジィ数についてのべき乗，絶対値といった単項演算や，四則演算などの二項演算が拡張原理によって可能になる．ファジィ数に含まれるあいまいさは，基本的には確率的な偶然性と別物である．このようなあいまいさを含んだファジィ数が確率的に変動する状況は，ファジィ確率変数によって表現できる．

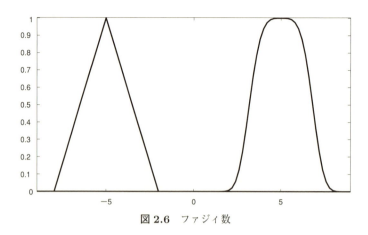

図 2.6 ファジィ数

拡張原理は，たとえばファジィデータの標本平均を定義するときに用いられる．サンプルサイズを N とすれば，N 変数の関数

$$f(x_1, ..., x_N) \equiv \frac{1}{N} \sum_{n=1}^{N} x_n \tag{2.25}$$

に拡張原理を適用すればよい．これにより，ファジィ確率変数の数学的期待値（ファジィ集合となる）の推定が可能となる．ファジィ確率変数とその期待値については [16] において議論されている（[11], [13], [14], [15] なども参照）．

2.4 直積

クリスプ集合に関する直積は次のように定義される．

定義 2.11

X, Y の部分集合 A, B の直積は次式で与えられる．

$$A \times B \equiv \{(x, y) | \forall x \in A, \forall y \in B\} \tag{2.26}$$

この定義を，ファジィ集合に対して拡張することができる．

定義 2.12 （直積）

A, B を，X, Y が全体集合であるようなファジィ集合とする．このとき，$X \times Y$ を全体集合とするファジィ集合の直積 $A \times B$ を以下のメンバシップ関数により定義する．

$$\mu_{A \times B}(x, y) \equiv \mu_A(x) \wedge \mu_B(y) \tag{2.27}$$

これは，x のグレードと y のグレードの小さいほう（共通部分）を (x, y) のグレードとすることを意味しており，論理積の考え方になっている．実際，次式が成立する．

$$A \times B = (A \times Y) \cap (X \times B) \tag{2.28}$$

直積はファジィシステムの基礎となる概念で，ファジィ推論やファジィ制御はファジィシステムの応用と位置づけられる．

【例 2.8】（直積の例 1） $X = Y = (-\infty, \infty)$, $\mu_A(x) = \exp(-x^2)$, $\mu_B(y) = \exp(-y^2/2)$ とする．このとき，直積 $A \times B$ のメンバシップ関数は図 2.7 のグラフで表される．x-y 平面が全体集合，縦軸がグレードである．また，α-カット $(A \times B)_\alpha$ は，長方形状の集合となる．

> **注意**
> この例における $A \times B$ は，「x がおよそ 0 かつ y がおよそ 0」と解釈できる．これに対し「(x, y) がおよそ $\mathbf{0}$」（$\mathbf{0}$ は 2 次元零ベクトル）を意味する $X \times Y$ 上のファジィ集合 C は，α-カットが一般には長方形状にはならず，たとえば $\mu_C(x, y) = \exp(-x^2 - y^2/2)$ のように，楕円状になるのが一般的である．

【例 2.9】（直積の例 2） $X = [0, 220], Y = [15, 40]$ として，A, B が以下のメンバシップ関数で与えられるとする．

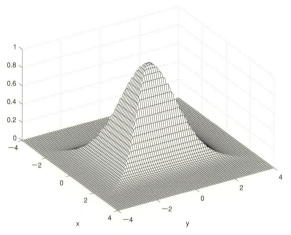

図 2.7 直積の例 1

$$\mu_A(x) = \begin{cases} 0 & \text{if } x < 165 \\ (x-165)/20 & \text{if } 165 \leq x < 185 \\ 1 & \text{if } 185 \leq x \end{cases} \quad (2.29)$$

$$\mu_B(y) = \begin{cases} 1 & \text{if } y < 20 \\ (30-y)/10 & \text{if } 20 \leq y < 30 \\ 0 & \text{if } 30 \leq y \end{cases} \quad (2.30)$$

A, B は，（ある状況における）「背が高い」，「若い」という言葉の意味を表していると考えられる．このとき，「背が高く かつ 若い」と解釈できる直積 $A \times B$ のメンバシップ関数は次式で与えられ，そのグラフは図 2.8 となる．

$$\mu_{A \times B}(x, y) = \begin{cases} 0 & \text{if } x < 165 \text{ or } y \geq 30 \\ 1 & \text{if } x \geq 185 \text{ and } y < 20 \\ \min\{(x-165)/20, (30-y)/10\} & \text{otherwise} \end{cases}$$
$$(2.31)$$

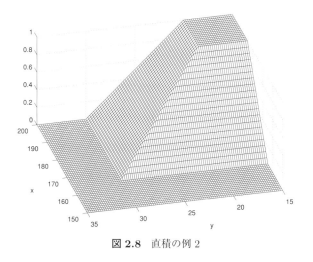

図 2.8　直積の例 2

　直積は，N 個のファジィ集合についても定義できる．

定義 2.13

　全体集合 X_n のファジィ部分集合 A_n $(n = 1, ..., N)$ の直積 $A_1 \times A_2 \times \cdots \times A_N$ を次のメンバシップ関数で定義する．

$$\mu_{A_1 \times \cdots \times A_N}(x_1, ..., x_N) \equiv \mu_{A_1}(x_1) \wedge \cdots \wedge \mu_{A_N}(x_N) \tag{2.32}$$

直積については結合法則が成り立つ．たとえば $N = 3$ のとき，

$$A_1 \times A_2 \times A_3 = (A_1 \times A_2) \times A_3 = A_1 \times (A_2 \times A_3) \tag{2.33}$$

となる．(2.33) の中および右の式における "×" はいずれも $N = 2$ の場合の直積を表すように，括弧のあるなしで直積の定義が変わることとなるが，結合法則により，括弧をはずしてよいことが保障される．

第3章

ファジィシステム

　前章のファジィ集合の直積の一種となるファジィ関係をもとに，入出力システムとしてのファジィシステムを定義する．その応用として，ファジィ推論を簡単に紹介する．

3.1　ファジィ関係

　ふたつの全体集合 X, Y の間の関係について考える．R を通常のある関係とする．このとき，$x \in X$ と $y \in Y$ の間で関係 R が成立するときは $\mu_R(x,y) = 1$，成立しないときは $\mu_R(x,y) = 0$ として関数 μ_R を定義する．μ_R は集合の特性関数とみなすことができるので，関係 R は直積 $X \times Y$ の部分集合として定義できることがわかる．

【例 3.1】 $X = Y = (-\infty, \infty)$ として，R を「$x = y$」という同値関係，S を「$x > y$」という大小関係を表すとする．このとき，特性関数

$$\mu_R(x,y) = \begin{cases} 1 & \text{if } x = y \\ 0 & \text{if } x \neq y \end{cases} \tag{3.1}$$

$$\mu_S(x,y) = \begin{cases} 1 & \text{if } x > y \\ 0 & \text{if } x \leq y \end{cases} \tag{3.2}$$

によって定義される.

ファジィ関係は,クリスプ集合である関係をファジィ集合に一般化したものである.

定義 3.1 (ファジィ関係)

X と Y の間のファジィ関係 R は,$X \times Y$ 上のファジィ部分集合として与えられる.$X = Y$ のときは,X 上のファジィ関係という.

【例 3.2】 $X = Y = (-\infty, \infty)$ として,R と S を次のメンバシップ関数で定義する.

$$\mu_R(x,y) = \exp(-(x-y)^2) \tag{3.3}$$

$$\mu_S(x,y) = \begin{cases} 1 & \text{if } x - y > 100 \\ (x-y)/100 & \text{if } 0 \leq x - y \leq 100 \\ 0 & \text{if } x - y \leq 0 \end{cases} \tag{3.4}$$

このとき,R は「x と y がほぼ等しい ($x \doteqdot y$)」,S は「x が y よりもかなり大きい」と解釈できるファジィ関係になる.それぞれのメンバシップ関数を図 3.1,図 3.2 に示す.

「大きい」という関係からもわかるように,X と Y の間の関係 R が,Y と X の間において成立するとは限らない.一般には対称性が成立しないことを意味する.

ファジィ関係を用いることによって,あいまいさを含んだ関数を表現することができる.たとえば $X = Y = (-\infty, \infty)$ のとき,「$f(x) \doteqdot y$」をファジィ関係で表すことができる.

【例 3.3】 次の非線形関数 $f(x)$ を考える.

$$f(x) = \begin{cases} \frac{1}{\sqrt{3}}x & \text{if } x < 0 \\ \sqrt{3}x & \text{if } x \geq 0 \end{cases} \tag{3.5}$$

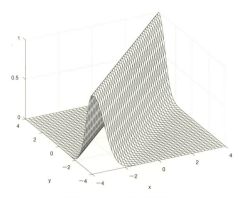

図 3.1 ファジィ関係 R

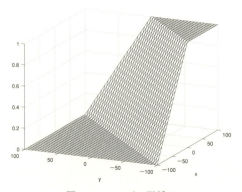

図 3.2 ファジィ関係 S

μ_R の等高線が図 3.3 で与えられるファジィ関係 R は，「$f(x) \fallingdotseq y$」を意味する．ただし図 3.3 において，左上および右下の領域における μ_R の値は 0，帯状の部分の中央の高さが 1，帯の断面は三角形状である．

3.2 ファジィシステム

ファジィ関係を用いることにより，入出力システムの記述が可能になる．X を入力の全体集合，Y を出力の全体集合と考える．X と Y の間のファジィ関係 R がある入出力関係を表しているとする．このとき，X の

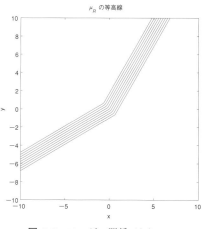

図 3.3 ファジィ関係 $f(x) \fallingdotseq y$

ファジィ部分集合 A を入力として，Y のファジィ部分集合である出力 B を得ることができれば，ファジィ集合を用いた入出力システムであるファジィシステムが得られる．そのための演算を**合成**と呼ぶ．ここでは2種類の合成法を紹介する．

定義 3.2（Max-Min 合成法）
$A \circ R$ を次のメンバシップ関数で定義する．

$$\mu_{A \circ R}(y) \equiv \sup_{x \in X} \{\mu_A(x) \wedge \mu_R(x,y)\} \quad \forall y \in Y \tag{3.6}$$

定義 3.3（Max-⊙ 合成法）
$A \circ R$ を次のメンバシップ関数で定義する．

$$\mu_{A \circ R}(y) \equiv \sup_{x \in X} \{\mu_A(x) \odot \mu_R(x,y)\} \quad \forall y \in Y \tag{3.7}$$

ただし，ふたつの実数 a, b に対して ⊙ は次式の演算を表す．

$$a \odot b \equiv (a + b - 1) \vee 0 \tag{3.8}$$

後者の合成法は「マックス-限界積合成法」と呼ばれる．演算 $\odot$ を用いて同じ全体集合のファジィ集合間の演算を定義すると，積集合の性質を持っていることがわかり，この積は一般に限界積と呼ばれている．したがって，ふたつの定義ともに，A と R の間では "and" の考え方によって x と y の間の関係の強さをとらえている．y のグレードとしては，"or" の考え方により，すべての x の中で関係がもっとも強いものを代表として採用している．

いずれかの合成法を用いることによりファジィシステムが定義される．

定義 3.4

ファジィシステムとは，A を入力としたとき，$B = A \odot R$ を出力とする入出力システムである．

$$A \longrightarrow \boxed{R} \longrightarrow B \tag{3.9}$$

ファジィシステム $B = A \circ R$ は，拡張原理による $B = f(A)$ の f にファジィネスを導入したものと考えることもできる．

Max-Min 合成と Max-$\odot$ 合成のどちらを用いるべきかは場合による．合成法は次節のファジィ推論において用いられるが，その際は，R の定義のしかたに依存してどちらの合成法がふさわしいかが決まる．

【例 3.4】 例 3.3 のファジィ関係 R を考える（μ_R は図 3.3）．ここでは Max-Min 合成法を用いることとして，$B = A \circ R$ は，「およそ $f(x)$」が出力されるファジィシステムとなる．たとえば入力 A_1 があいまいさを含まない 5 であるとき，図 3.4(c) の $B_1 = $「およそ $5\sqrt{3}$」が出力される．入力にあいまいさが含まれていなくても，入出力システムにあいまいさが含まれているために出力はファジィとなる．あいまいさを含んだ入力 A_2 に対しては，あいまいさの幅がより大きくなった B_2 が出力される（図 3.4(b)，(d)）．図 3.5 は入力が負の場合の例である．-5 の入力に対し，「およそ $-5/\sqrt{3}$」が出力される．あいまいさの幅は入力が正の場合よりも狭くなっている．

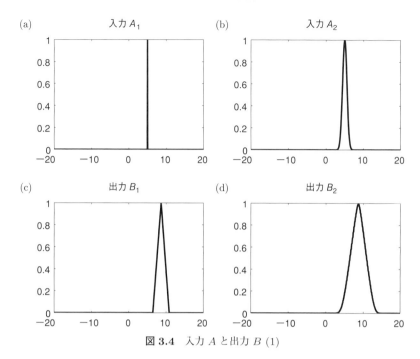

図 3.4 入力 A と出力 B (1)

入出力システム R 自体をファジィにすることの意義は，次節のファジィ推論で説明するように，ベテランやエキスパートの知識をシステムに取り入れやすい点にある．

3.3 ファジィ推論

本節では，**If-then ルール**に基づく，前向きの推論を取り扱う．最初に，要因が1個，ルールも1個のみのもっとも簡単な場合について考える．推論の構図は以下のとおりである．

$$
\begin{array}{ll}
(\text{ルール}) & \text{If } x \text{ is } A, \text{ then } y \text{ is } B \\
(\text{情 報}) & x \text{ is } A' \\
\hline
(\text{結 論}) & y \text{ is } B'
\end{array}
$$

「x is A」や「y is B」などはファジィ命題と呼ばれ，x, y は対象を表

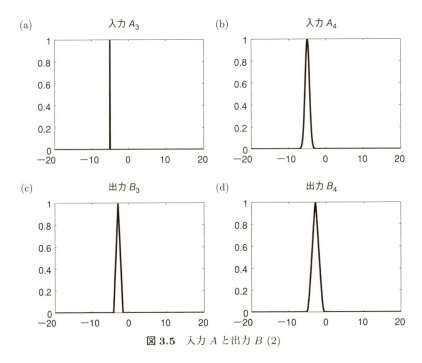

図 3.5 入力 A と出力 B (2)

し，A, A', B, B' はファジィ集合である．ファジィ命題を用いた If-then ルールなので，**ファジィ If-then ルール**と呼ばれる．A', B' の $'$ は，A, B に近い意味を持つであろうファジィ集合であることを表すために用いている記号である．

【例 3.5】 たとえば x を気温，y を何らかの需要量を表すこととして，次のような推論を行おうというのがファジィ推論である．

(ルール)	If 気温が	高い，	then 需要が	大
(情　報)	気温が	やや高い		
(結　論)			需要が	やや大

A や A' は，「高い」や「やや高い」という意味を持つファジィ集合である．

通常の If-then ルールを用いた推論と異なるファジィ推論の大きな特徴

は，Ifの部分（前件部）と一致しない情報が与えられても何らかの結論を引き出せるという，近似推論になっている点にある．A と A' が近ければ，B に近い B' という推論結果が得られることが期待できる．

多くの場合，対象については省略できるので，上記の推論の構図は次のように簡潔に表すこともできる．

$$\frac{A \longrightarrow B}{B'} \quad A'$$

ここで "$\longrightarrow$" は「ならば（含意）」を意味する．

実際に推論を実現するためには，ふたつのことを考えればよい．第一はルールの数学的表現，第二は推論法である．ファジィ集合 A, B の全体集合をそれぞれ X, Y とする．ルール「$A \longrightarrow B$」は，X と Y の間の関係を表していると考えられるので，X と Y の間のファジィ関係としてとらえられる．そこで問題は，

1. A と B からルールを表現するファジィ関係 R をどう定義するか？
2. A' という情報から結論 B' をどう引き出すか？

となる．2. については，A' がファジィシステム R への入力とみなせるので，前節のいずれかの合成法を用いて

$$B' = A' \circ R$$

とすればよい．どちらの合成法を用いるかは R の定義のしかたに依存する．$R = $「$A \longrightarrow B$」の代表的な定義のしかたには 2 種類ある．ひとつは Zadeh による方法，もう一方は Mamdani による方法である．

定義 3.5 （Zadeh による R）

X と Y の間のファジィ関係 R を次のメンバシップ関数で定義する．

$$\mu_R(x, y) \equiv (1 - \mu_A(x) + \mu_B(y)) \wedge 1 \quad \forall (x, y) \in X \times Y \tag{3.10}$$

定義 3.6 (Mamdani による R)

X と Y の間のファジィ関係 R を次のメンバシップ関数で定義する.

$$\mu_R(x,y) \equiv \mu_A(x) \wedge \mu_B(y) \quad \forall (x,y) \in X \times Y \tag{3.11}$$

結果として $R = A \times B$ となる.

Zadeh の定義は，2 値論理における $A \longrightarrow B$ の定義の直接の拡張となっている．一方，Mamdani の定義は拡張とはなっておらず，ファジィ推論特有の定義となっている．しかし，後者はシンプルでありながら有効であり，本書ではこれ以降 Mamdani の方法を取り上げる．

合成法については，Zadeh の R に対しては Max-$\odot$ 合成法を，Mamdani の R に対しては Max-Min 合成法を用いることが多い．Zadeh の R に対して Max-Min 合成法を用いると，一般に $A \circ R$ が B と異なる結果になってしまうということがわかる．すなわち，「$A \longrightarrow B$」というルールに A を入力しても B が出力されないという不自然な結果となる．一方 Mamdani の R と Max-Min 合成法の組み合わせの場合，自然な仮定のもとで $A \circ R = B$ となる．Mamdani と Max-Min 合成の組み合わせでは，演算がグレード間の大小の比較のみで行われるため，簡単な計算によって推論が可能となる．

実際には 1 個のルールでの推論はあまり意味がなく，複数個のルールを用いるのが一般的である.

【例 3.6】 例 3.5 をより現実的にすると以下のようになる.

(ルール 1)	If 気温が	高い,	then	需要が	大
(ルール 2)	If 気温が	中くらい,	then	需要が	中くらい
(ルール 3)	If 気温が	低い,	then	需要が	やや小
(情 報)	気温が	やや高い			
(結 論)				需要が	やや大

気温と需要の関係が線形の関係にあれば，このような推論を考える必要は

あまりない．非線形の関係にあるときこのような推論法が生かされる．

一般的な推論の構図は以下のとおり．

$$
\begin{array}{ll}
(\text{ルール}1) & \text{If } x \text{ is } A_1, \text{ then } y \text{ is } B_1 \\
(\text{ルール}2) & \text{If } x \text{ is } A_2, \text{ then } y \text{ is } B_2 \\
& \vdots \\
(\text{ルール}K) & \text{If } x \text{ is } A_K, \text{ then } y \text{ is } B_K \\
(\text{情 報}) & x \text{ is } A' \\
\hline
(\text{結 論}) & \hspace{6em} y \text{ is } B'
\end{array}
$$

あるいは簡潔に記すと

$$
\begin{array}{rcl}
A_1 & \longrightarrow & B_1 \\
A_2 & \longrightarrow & B_2 \\
& \vdots & \\
A_K & \longrightarrow & B_K \\
A' & & \\
\hline
& & B'
\end{array}
$$

ルールが複数個ある場合の Mamdani による推論は，すべてのルールをまとめたファジィ関係 R を求め，Max-Min 合成により $B' = A' \circ R$ とすればよい．ここでは詳細を省略し，R の数値例のみを示す．例 3.7 の後により一般的な場合について説明する．

【例 3.7】 図 3.6 のメンバシップ関数で表される 3 個のルールから得られる R のメンバシップ関数を図 3.7 に示す．図 3.6 においては，A_2, B_2 のメンバシップ関数が中央の破線，A_3, B_3 が単調減少の実線，A_1, B_1 が単調増加の実線のグラフで与えられている．

次節で例 3.7 の R を用いた非線形関数を例示する（例 3.8）．

ここまでは，入力の要因が 1 個の場合についてであった．一般には複数個の要因が存在する．以下では 2 個の要因の場合について紹介するが，3 個以上の場合への拡張は容易であろう．

32   第3章 ファジィシステム

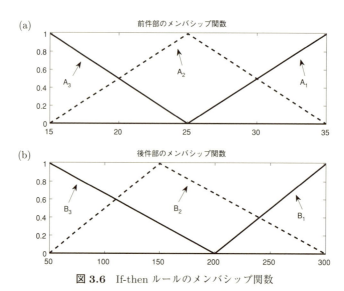

図 3.6 If-then ルールのメンバシップ関数

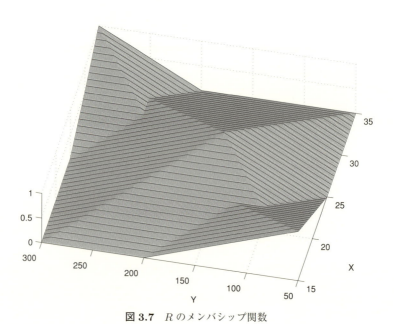

図 3.7 R のメンバシップ関数

3.3 ファジィ推論

一般的な推論の構図は次のようになる．

(ルール 1)   If x is A_1 and y is B_1,   then z is C_1
(ルール 2)   If x is A_2 and y is B_2,   then z is C_2
                          ⋮
(ルール K)   If x is A_K and y is B_K,   then z is C_K
(情 報) x is A' and y is B'
―――――――――――――――――――――――――――――
(結 論) z is C'

または

A_1 and B_1 ⟶ C_1
A_2 and B_2 ⟶ C_2
         ⋮
A_K and B_K ⟶ C_K
A' and B'
――――――――――――
           C'

前件部の and は論理積の考え方を用いれば直積で表現できる．直積を用いると，k 番目のルールは "$A_k \times B_k \longrightarrow C_k$" となる．Mamdani の方法により，$k$ 番目のルールを表すファジィ関係 R_k は，

$$\begin{aligned} R_k &\equiv (A_k \times B_k) \times C_k \\ &= A_k \times B_k \times C_k \end{aligned} \tag{3.12}$$

となる．

2 値論理の場合，Mamdani の考え方によれば $A \longrightarrow B$ が真となるのは A, B がともに真のときのみである．Zadeh の場合は通常どおり，A が真で B が偽のときのみ $A \longrightarrow B$ が偽となる．2 値論理の考え方では，前件部が真となるすべてのルールの後件部が同時に真となるので，適用できるルールをまとめるときはand で考えることになる．これに対し Mamdani の考え方では，ルールを「局所的」なものとしており，ひとつにまとめるときは or で考える必要がある．このことにより，上記の K 個のルール全

体を表すファジィ関係 R は次のように与えられる.

$$R \equiv R_1 \cup R_2 \cup \cdots \cup R_K \tag{3.13}$$

ここでの和は論理和であり，グレードの最大値をとる演算を行う．

推論のための入力は A' and $B' = A' \times B'$ であるので，Max-Min 合成法を用い，

$$C' \equiv (A' \times B') \circ R \tag{3.14}$$

とすることにより結果が得られ，推論が完結する．なお，R は $X \times Y \times Z$ 上のファジィ集合で3次元構造，入力 $A' \times B'$ は2次元，Max-Min 合成法による出力 C' は1次元となる．具体的な Max-Min 合成の計算式は次式となる．

$$\mu_{C'}(z) = \sup_{(x,y) \in X \times Y} \{\mu_{A'}(x) \wedge \mu_{B'}(y) \wedge \mu_R(x,y,z)\} \tag{3.15}$$

3.4 ファジィ制御

ファジィ推論を制御に応用したのがファジィ制御である．制御では，センサーなどから得られる何らかの情報を入力として制御命令を出力する．制御における入力と出力は，一般にはクリスプな数値である．したがって，制御に用いられるシステムは一般的な入出力システムであり，予測などへも応用することができる．

本節では，次の形のファジィ制御を考える．

（制御規則 1）	If x is A_1 and y is B_1,	then	z is C_1
（制御規則 2）	If x is A_2 and y is B_2,	then	z is C_2
	$\vdots$		
（制御規則 K）	If x is A_K and y is B_K,	then	z is C_K
（入力情報）	x is a and y is b		
（制御命令）			z is c

または

$$
\begin{array}{ccc}
A_1 \text{ and } B_1 & \longrightarrow & C_1 \\
A_2 \text{ and } B_2 & \longrightarrow & C_2 \\
\vdots & & \\
A_K \text{ and } B_K & \longrightarrow & C_K \\
a \text{ and } b & & \\
\hline
& & c
\end{array}
$$

ここで a, b, c は数値である．たとえば，ある目標値がある場合，その値からのずれを a，ずれの変化分を b，目標値に近づけるための操作量などを c とするような制御が考えられる．入力はクリスプな数値 a, b であるが，これは前節のファジィ推論の入力 A', B' の特別な場合と考えることができる．したがって，前節の方法による出力 C' から，最終的な結果 c を求めるプロセスを追加することにより，ファジィ制御が実現できる．ファジィ集合 C' から C' を代表する数値 c を求めるプロセスは，「脱ファジィ化」あるいは「非ファジィ化」と呼ばれる．ここではもっとも代表的な方法である重心法を紹介する．

定義 3.7 （重心法）

Z を全体集合とするファジィ集合 C に対し，重心 c を以下のように定義する．

(1) $Z = \{z_1, z_2, ..., z_N\}$ のとき

$$c = \frac{\sum_{n=1}^{N} z_n \mu_C(z_n)}{\sum_{n=1}^{N} \mu_C(z_n)} \tag{3.16}$$

(2) $Z = [\alpha, \beta]$ のとき

$$c = \frac{\int_\alpha^\beta z \mu_C(z) dz}{\int_\alpha^\beta \mu_C(z) dz} \tag{3.17}$$

ここで μ_C は C のメンバシップ関数である．

一般の Z についても，和あるいは積分値が存在するという仮定のもとで同様に定義される．μ_C が確率あるいは確率密度関数であるとすると，重心の定義式の分母の値は 1 となり，平均値の定義と一致する．すなわち，平均値は重心の特別な場合である．

非ファジィ化の導入によりファジィ制御が実現できる．一般的なファジィ推論におけるルールをファジィ関係 R とおいたとき，R と非ファジィ化をまとめてひとつのシステムとみなすことができる（式 (3.18)）．このシステムは数値入力，数値出力の通常の入出力システムの形をしている．このことにより，制御のみならず，予測などに応用することができ，また統計モデルとして用いることも可能となる．

$$(3.18)$$

上述の Mamdani の方法と重心法によるファジィ制御の実際の計算は，より簡潔な形で表現することができる（[3] など参照）．

【例 3.8】 例 3.7 の 3 個のルールと，重心法による非ファジィ化を組み合わせて得られる非線形関数を図 3.8 に示す．横軸が入力 x，縦軸が出力 y である．

> **注意**
> 本節のファジィシステムによって非線形システムを実現するためには，一般にはルールの数を多くする必要がある．少ないルールで効率よく表現するためのファジィシステムとして，次節の高木-菅野のファジィシステムがある．

3.5 高木-菅野のファジィシステム

ここでは p-入力，1-出力のシステムを考える．入力変数 $x_1,...,x_p$，出力変数 y は実数値をとるものとする．高木-菅野のファジィシステムは，

3.5 高木-菅野のファジィシステム

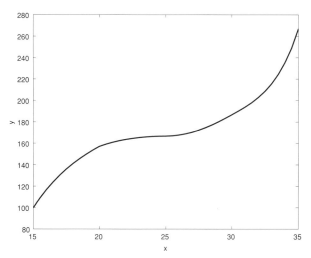

図 3.8 ファジィシステムで表現された非線形関数のグラフ

非ファジィ化を行わないで済むように，ファジィ推論の後件部をファジィ命題ではなく線形関数にして数値が出力されるようにしたものである ([17])．ルールの数を K として，k 番目のルールは次のように表される．

$$R_k : \text{If } x_1 \text{ is } A_{k1} \text{ and } \ldots \text{ and } x_p \text{ is } A_{kp},$$
$$\text{then } y(k) = \beta_{k0} + \beta_{k1} x_1 + \cdots + \beta_{kp} x_p \tag{3.19}$$

ここで $A_{k1},...,A_{kp}$ は前節におけるファジィ推論と同様のファジィ集合である．最終的な出力 y は，入力が前件部にどの程度該当するかによって重みを付けた，加重平均をとることによって与えられる．

$$y = \sum_{k=1}^{K} \nu(k) y(k) \bigg/ \sum_{k=1}^{K} \nu(k) \tag{3.20}$$

前件部へ該当する度合い $\nu(k)$ は，次式で定義されることが多い．

$$\nu(k) = \mu_{A_{k1}}(x_1) \cdot \mu_{A_{k2}}(x_2) \cdots \mu_{A_{kp}}(x_p) \tag{3.21}$$

ここで $\mu_{A_{kj}}$ は A_{kj} のメンバシップ関数とする．

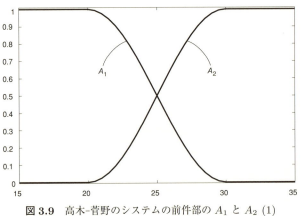

図 3.9 高木-菅野のシステムの前件部の A_1 と A_2 (1)

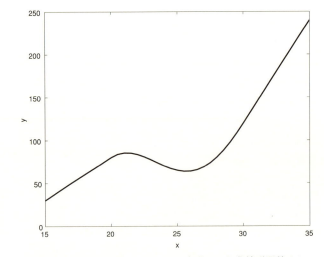

図 3.10 高木-菅野のシステムで表現された非線形関数 (1)

【例 3.9】 $p=1, K=2$ として次のシステムを考える.

$$R_1 : \text{If } x \text{ is } A_1, \text{ then } y(1) = 10x - 120$$

$$R_2 : \text{If } x \text{ is } A_2, \text{ then } y(2) = 24x - 600$$

$$y = \mu_{A_1}(x)y(1) + \mu_{A_2}(x)y(2)$$

A_1, A_2 を図 3.9 のメンバシップ関数で定義する (A_1 が単調減少, A_2 が

3.5 高木-菅野のファジィシステム

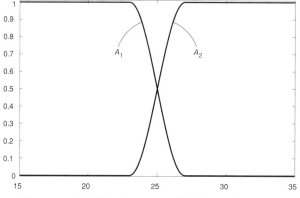

図 3.11 高木-菅野のシステムの前件部の A_1 と A_2 (2)

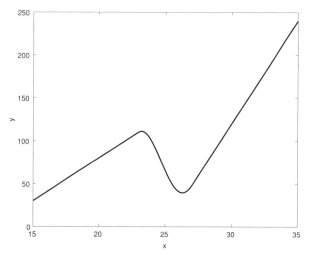

図 3.12 高木-菅野のシステムで表現された非線形関数 (2)

単調増加のメンバシップ関数).それぞれのメンバシップ関数の増加部分,減少部分はサインカーブによって定義されている.得られる非線形関数のグラフは図 3.10 となる.

この例において,前件部におけるふたつのファジィ集合の境界部分をより狭くした図 3.11 の A_1, A_2 を用いた場合,このシステムは図 3.12 と

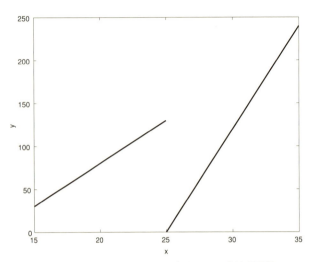

図 3.13 高木–菅野のシステムで表現された非線形関数 (3)

なる．また，A_1 を「25 未満」，A_2 を「25 以上」というクリスプ集合にすると，システムは図 3.13 となる．この例からもわかるように，1 入力-1 出力の高木–菅野のファジィシステムは，ファジィ集合を用いてグレーゾーンを導入することにより，区分線形関数を連続関数に変換したものとみなすことができる．図 3.13 は，グレーゾーンが存在しないため不連続な区分線形となっている．メンバシップ関数が図 3.9, 図 3.11 のようになめらかな場合は，得られる関数もなめらかなものとなる．たとえば図 3.14 のようなメンバシップ関数を用いた場合は，図 3.15 のシステムとなる．

ファジィ分割を用いると，高木–菅野のファジィシステムをより一般的な形にすることができる．$x = (x_1, .., x_p)$ とし，x の属する p 次元空間を X とする．

3.5 高木-菅野のファジィシステム

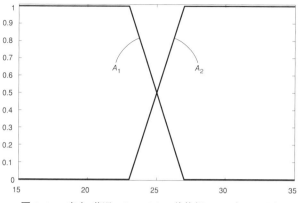

図 3.14 高木-菅野のシステムの前件部の A_1 と A_2 (4)

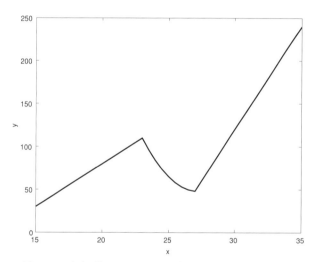

図 3.15 高木-菅野のシステムで表現された非線形関数 (4)

定義 3.8 （ファジィ分割）

X を全体集合とするファジィ集合 $A_1, ..., A_K \ (\neq \emptyset)$ が

$$\sum_{k=1}^{K} \mu_{A_k}(x) = 1 \quad \forall x \in X \tag{3.22}$$

を満たすとき，$\{A_1, ..., A_K\}$ を X のファジィ分割という．

ファジィ分割は，空間 X のクリスプな分割の境界をファジィにしたものである．このとき，システム (3.19)-(3.21) は次のように一般化できる．

R_k : If x is A_k, then $y(k) = \beta_{k0} + \beta_{k1}x_1 + \cdots + \beta_{kp}x_p$
$$(k = 1, ..., K) \quad (3.23)$$

$$y = \sum_{k=1}^{K} \mu_{A_k}(x) y(k) \quad (3.24)$$

高木-菅野のファジィシステムは $f(x_1, ..., x_p)$ という形の p 変数の関数になっており，制御のみならず統計モデルへも応用できる．たとえば $\{e_n\}$ を誤差項としたとき，統計モデル

$$y_n = f(x_{1n}, ..., x_{pn}) + e_n \quad (3.25)$$

は，非線形回帰モデルとなる．

モデル (3.25) の後件部のパラメータ β_{kj} は，前件部が既知のとき，通常の線形重回帰と同様の最小 2 乗法で推定することができる．前件部のファジィ分割については，ファジィ k-means 法などを応用して同定することが考えられる．

第4章

時系列モデル

4.1 時系列解析の基本

観測される系列長 N の時系列を $x_1, x_2, ..., x_N$ とおく．時系列解析の基本は，時系列に含まれる長期的な傾向すなわちトレンドや，周期的な成分あるいは季節成分を推定し，必要に応じて予測などを行うことである．本節では基本的事項を簡単に紹介する．

解析するためのひとつの考え方は，時系列を次の形に分解することである．

$$x_n = T_n + S_n + I_n \tag{4.1}$$

ここで T_n はトレンド，S_n は季節成分（周期成分），I_n が誤差項（撹乱項）を表す．場合によっては循環成分と呼ばれるトレンドと季節成分の中間的な動きを示す項を含めることもある．トレンドや季節成分を何らかの方法で推定できれば，それらを x_n から引き去ることによって I_n の部分が得られる．一般に $\{I_n\}$ は定常過程（後述）とみなすことができ，I_n の部分に定常な時系列モデルをあてはめることができる．代表的なモデルが，自己回帰 (AR: autoregressive) モデル，移動平均 (MA: moving average) モデル，自己回帰移動平均 (ARMA: autoregressive moving average) モデルである．モデルをあてはめることにより，系列に含まれる確率的構造がわかるようになり，より効果的な予測を行うことが可能とな

る.

　もうひとつの考え方は，トレンドや季節成分を含んだままの x_n に時系列モデルをあてはめる方法である．このとき，$\{x_n\}$ は非定常過程となる．非定常モデルの代表的モデルが，自己回帰和分移動平均 (ARIMA: autoregressive integrated moving average) モデルや季節的 ARIMA モデルである．

　本書では x_n のとる値を実数値とし，AR モデルを中心に取り上げる．ただし定常モデルに限定することはせず，非定常の AR モデルを含めて取り扱う．本章の最後に具体例を示す．

　なお，状態空間モデルにも定常，非定常モデルがあり，ARMA や ARIMA モデルと同等なモデルとして利用できるが，ここでは言及しない．また，定常過程に対する時系列解析としてはスペクトル解析もある．スペクトル解析は「周波数領域」の分析手法であり，時系列解析の手法として重要な位置を占めているが，本書ではモデルによる「時間領域」の分析に限定する．

4.2 確率過程

　多くの場合，時系列データは確率過程の一部が観測されたものとみなされる．確率変数の列 $\{X_n\}$ が確率過程であるとは，X_n の任意の組み合わせについて同時分布が定義されていることを意味している．

　すなわち時系列データ $x_1, ..., x_N$ の背後に確率過程 $\{X_n\}$ を仮定し（n の範囲は，たとえば $n = N_0, N_0 + 1, ...$ あるいは $n = ..., -1, 0, 1, 2, ...$），$x_n = X_n(\omega)$ と考える．ここで ω は標本空間 Ω のある要素を意味する．本書では確率過程の詳細には立ち入らないが，推定量の統計的な性質などを議論するときは確率過程が前提となる．ここでは基本的な概念のみ紹介する．

定義 4.1 （強定常過程）

$\{X_{n_1}, X_{n_2}, ..., X_{n_K}\}$ の同時分布と $\{X_{n_1+L}, X_{n_2+L}, ..., X_{n_K+L}\}$ の同時

分布が任意の自然数 K, L について常に等しいとき，確率過程 $\{X_n\}$ は**強定常**であるという．

定義 4.2（弱定常過程）

期待値 $\mu = E(X_n)$ が n に依存せずに一定で，任意の整数 k について共分散 $E[(X_n - \mu)(X_{n+k} - \mu)]$ が n には依存せずに k のみに依存するとき，確率過程 $\{X_n\}$ は**弱定常**であるという．

定義 4.3

X_n の任意の組み合わせの同時分布が常に多変量正規分布のとき，$\{X_n\}$ を**ガウス過程**という．

分散や共分散が存在するとき，強定常ならば弱定常である．さらに，ガウス過程の場合は 弱定常＝強定常 となる．本書で単に定常という場合は，強定常かつ弱定常を意味するものとする．

定常過程でない場合が非定常過程となる．非定常過程のクラスは非常に幅が広い．特別な場合として，平均値は一定であるが分散が変動する過程や，分散が一定であるが平均値が変動する過程などもある．

弱定常過程のとき，自己共分散関数 $\gamma(k)$ と自己相関関数 $\rho(k)$ が次のように定義できる．

$$\gamma(k) \equiv E[(X_n - \mu)(X_{n+k} - \mu)] \tag{4.2}$$

$$\rho(k) \equiv \gamma(k)/\gamma(0) \tag{4.3}$$

$\rho(k)$ は X_n と X_{n+k} の相関係数，$\gamma(0)$ は X_n の分散であり，$\rho(0) = 1$ である．

次に，もっとも基本的な確率過程の例をふたつ示す．

【例 4.1】 $\{X_n\}$ が独立同一分布に従う系列で，$E(X_n) = 0$, $E(X_n^2) = \sigma^2$ である確率過程を**ホワイトノイズ**という．ホワイトノイズは定常過程であり，$\gamma(0) = \sigma^2$, $\gamma(k) = 0$ $(k \neq 0)$ となる．したがって $\rho(0) = 1$, $\rho(k) = 0$ $(k \neq 0)$ となる．

【例 4.2】 $\{e_n\}$ をホワイトノイズとする. X_0 を初期値として

$$X_n = X_{n-1} + e_n \tag{4.4}$$

$n = 1, 2, \ldots$ によって定義される $\{X_n\}$ を**ランダムウォーク**という. ここで X_0 は $\{e_n\}$ と独立な確率変数または定数である. ランダムウォークは, 分散が n に比例して増大していくので, 非定常過程である.

なお, 一般には漸化式

$$X_n = \mu + X_{n-1} + e_n \tag{4.5}$$

で定義される系列をランダムウォークという. (4.4), (4.5) をそれぞれ, ドリフト項なし, ドリフト項 (μ) ありのランダムウォークと呼んで区別することもある.

本節では, 確率過程と観測された時系列を X_n, x_n と区別して表記したが, 以下では区別しないで同じ表記 x_n を用いていくこととする.

4.3 時系列モデル

定常過程に対する代表的な時系列モデルが次の自己回帰移動平均 (ARMA) モデルである.

定義 4.4 (ARMA(p, q) モデル)

$$\begin{aligned}(x_n - \mu) &+ a_1(x_{n-1} - \mu) + \cdots + a_p(x_{n-p} - \mu) \\ &= e_n + b_1 e_{n-1} + \cdots + b_q e_{n-q}\end{aligned} \tag{4.6}$$

ただし $\{e_n\}$ は分散 σ^2 のホワイトノイズで, 左辺の係数は定常条件:

$$z^p + a_1 z^{p-1} + \cdots + a_{p-1} z + a_p = 0 \text{ のすべての解が}$$
$$\text{単位円内に存在する, すなわち絶対値が 1 より小さい}$$

を満たすものとする.

トレンドを除去あるいは平均値を引き去った系列を対象とする場合は $\mu = 0$ となる.また,右辺の係数についても

$$z^q + b_1 z^{q-1} + \cdots + b_{q-1} z + b_q = 0 \text{ のすべての解が}$$
単位円内に存在する

と仮定するのが一般的である.この条件は反転可能性などと呼ばれる.

なお,上記の定常条件において $w = 1/z$ とおけば,「$1 + a_1 w + \cdots + a_{p-1} w^{p-1} + a_p w^p = 0$ のすべての解が単位円外にある」が定常条件となる.

ARMA(p,q) モデルにおいて $p = 0$ としたものが移動平均モデル (MA(q)),$q = 0$ としたものが自己回帰モデル (AR(p)) である.本書では,$-a_j$ を a_j に置き換え,μ の代わりに定数項 a_0 を用いた次の形の AR(p) モデルを用いていく.

$$x_n = a_0 + a_1 x_{n-1} + \cdots + a_p x_{n-p} + e_n \tag{4.7}$$

このとき,定常条件は

$$z^p - a_1 z^{p-1} - \cdots - a_{p-1} z - a_p = 0 \text{ のすべての解が}$$
単位円内に存在する

となる.定常 AR モデルの場合,$\mu = E(x_n)$ と係数の関係は,

$$\mu = a_0/(1 - a_1 - \cdots - a_p) \tag{4.8}$$

である.定常条件のもとでは式 (4.8) の右辺の分母が 0 になることはない.

AR モデルを (4.7) によって表現することの利点は,定常条件を満たしていない非定常モデルとしても意味を持つことであり,実際,非定常時系列に対するモデルとしても有用である.なお,非定常の場合は $\mu = E(x_n)$ の存在は保証されないので,μ を含んだモデルを用いる際は注意が必要である.

4.4 推定

4.4.1 概観
●時系列の分解

トレンドの代表的な推定法は，移動平均法と多項式回帰である．移動平均法は，ある時点のトレンドの値を，その前後のある一定区間内の平均値によって推定する．一般には重み付きの平均が用いられる．多項式回帰では，トレンドが直線を含む多項式で表される曲線であるとみなされるとき，回帰分析の手法によって推定できる．

決定論的（確定的）な周期成分とみなされるような季節成分は，簡便には，トレンドを除去した後に期ごとの単純平均を求めることによって推定できる．トレンドに多項式が想定できるときは，トレンドと季節成分を同時に回帰の手法で推定することができる．また，各種の季節調整法が提案されており，季節成分が除去された季節調整済みの時系列データが提供されていることもある．

●自己共分散関数と自己相関関数

原系列からトレンドと季節成分の推定値を引き去れば，定常とみなされる時系列が得られる．定常時系列に対しては，次の標本自己共分散関数と標本自己相関関数が基本的な役割を果たす．

定義 4.5 （自己共分散関数・自己相関関数）

$$\hat{\gamma}(k) \equiv \sum_{n=1}^{N-k}(x_n - \bar{x})(x_{n+k} - \bar{x})/N$$

$$\hat{\rho}(k) \equiv \hat{\gamma}(k)/\hat{\gamma}(0) \tag{4.9}$$

平均値 μ の推定量は，通常の標本平均 $\bar{x} = \sum_{n=1}^{N} x_n/N$ が用いられる．$\hat{\gamma}(k)$, $\hat{\rho}(k)$ はそれぞれ，自己共分散 $\gamma(k)$，自己相関 $\rho(k)$ の推定量となっている．

トレンドや季節成分を含む非定常な時系列でも，標本自己相関は形式的に計算することは可能である．この場合，推定量としての意味は持たないが，トレンドや季節成分に関する情報を得ることができる．

●時系列モデルの推定

ARMA モデルは，ホワイトノイズがガウス型に従うならば最尤法によって推定できる．AR モデルの場合は，最小 2 乗法やユール・ウォーカー法も適用できる．ユール・ウォーカー法は定常時系列に対する方法であるが，最小 2 乗法は非定常であっても適用可能である．

実際のデータ解析においては，統計モデルの型を決める「同定」が重要な課題となる．ARMA に限定すれば，同定は次数 p, q の決定を意味する．Box-Jenkins アプローチもあるが，もっとも代表的な方法が情報量規準 AIC (Akaike's information criterion) を用いたものである．AIC は，

$$-2 \times 最大対数尤度 + 2 \times モデルの自由度 \qquad (4.10)$$

で定義される．AIC による方法では，与えられたモデルのクラスのなかで AIC が最小となるモデルを選択する．

AIC の第 1 項は，データへのあてはまりがよいほど小さくなる．一方，あてはまりをよくするためにはモデルを大きくする必要がある．すなわち，第 1 項と第 2 項はトレードオフの関係にあり，AIC はそのバランスをとった形になっている．

AR モデルについては次項で具体的に紹介する．

4.4.2　自己回帰モデルの推定

ガウス型の場合について，最小 2 乗法による AR モデルの推定法と，AIC による次数 p の決定法を示す．

●最小 2 乗法

AR モデル (4.7) は，目的変数が x_n で，説明変数が $x_{n-1},...,x_{n-p}$ であるような回帰モデルとみなすことができる．そこで残差平方和

$$\sum_{n=p+1}^{N}\{x_n - (a_0 + a_1 x_{n-1} + \cdots + a_p x_{n-p})\}^2$$

を最小にする最小 2 乗法が適用できる．計算法は通常の重回帰分析と同じである（ただし対応するサンプルサイズは $N-p$）．

以上の最小 2 乗法は，ガウス型の場合，最尤法と同等であることがわかる（ただし初期値の部分を省略した尤度の最大化．第 6 章において説明する）．また，非定常であっても最小 2 乗法は適用可能である．

● **AIC による次数の決定**

ここでは $p = 0,...,P$ のなかから AR モデルを選択するものとする．なお，$p = 0$ は ホワイトノイズ＋定数項 のモデルを意味する．以下では，初期値の部分を省略した尤度を用い，また共通部分を落とした，簡便な形の AIC を示す．

$$\text{AIC}(p) = (N-P) \log \hat{\sigma}_p^2 + 2p$$

$$\hat{\sigma}_p^2 = \frac{1}{N-P} \sum_{n=P+1}^{N} \{x_n - (\hat{a}_1^p x_{n-1} + \cdots + \hat{a}_p^p x_{n-p})\}^2 \quad (4.11)$$

ここで $\hat{a}_1^p,..., \hat{a}_p^p$ は，

$$\sum_{n=P+1}^{N} \{x_n - (a_0 + a_1 x_{n-1} + \cdots + a_p x_{n-p})\}^2$$

の最小値を与える最小 2 乗推定値．また，$p=0$ のときは

$$\hat{\sigma}_0^2 = \frac{1}{N-P} \sum_{n=P+1}^{N} (x_n - \bar{x})^2$$

ここで示した AIC では，「有効なサンプルサイズ」を共通の $(N-P)$ としている．

4.5 予測

時系列データ $\{x_1, ..., x_N\}$ から k 期先の x_{N+k} を予測することを考える.予測値を $\hat{x}_{N+k|N}$ とおく.AR モデルを用いると,以下の簡単な漸化式によって予測値を得ることができる.

$$\hat{x}_{n|N} = a_0 + a_1 \hat{x}_{n-1|N} + \cdots + a_p \hat{x}_{n-p|N}$$
$$(n = N+1, N+2, ..., N+k) \quad (4.12)$$

ただし式 (4.12) の右辺における $\hat{x}_{m|N}$ の m が N 以下のときは $\hat{x}_{m|N} = x_m$ とする.この方法は,非定常時系列にも適用できる.

ここでは触れないが,指数平滑法と呼ばれるモデルによらない予測法もある.指数平滑法は,トレンドや季節成分がある場合についても適用できるように一般化がなされている.

4.6 時系列の分解と自己回帰モデルの推定の例

4.6.1 時系列データ

本節では,実際の時系列データを用いた例を示す.

図 4.1 に,岩手県大船渡市綾里における二酸化炭素濃度の月平均値のデータを示す.期間は 1997 年 1 月から 2006 年 8 月で,単位は ppm である.

4.6.2 時系列の分解

図 4.1 より,このデータには線形トレンドが含まれており,また,比較的規則的な周期性が存在していることが見てとれる.そこで,回帰分析の手法により線形トレンドと決定論的季節成分の推定を行った.図 4.2(a) のグラフが推定されたトレンド,(b) が季節成分である.(c) のグラフは,原系列からトレンドと季節成分を除去した残差の系列である.

残差の系列はノイズのような動きをしているようであるが,標本自己相関関数からはホワイトノイズではないと判断される.図 4.3 の 2 本の水平

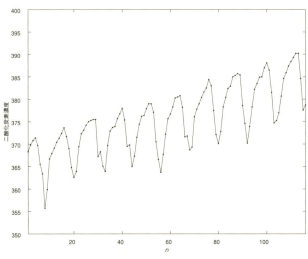

図 4.1 二酸化炭素濃度の時系列データ

出典：気象庁ホームページ
(http://ds.data.jma.go.jp/ghg/kanshi/info_co2.html)

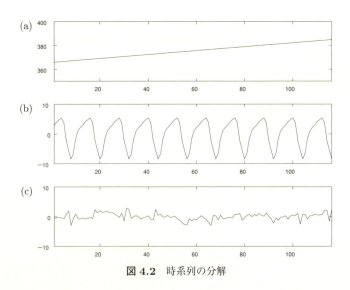

図 4.2 時系列の分解

な破線は，ホワイトノイズのとき $k \neq 0$ に対する標本自己相関の値がほぼ収まる範囲を表している．

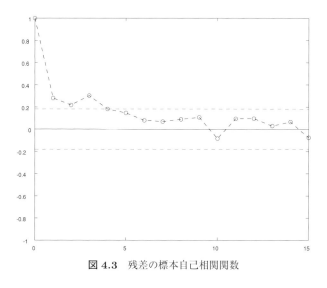

図 4.3 残差の標本自己相関関数

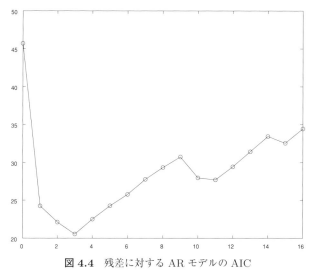

図 4.4 残差に対する AR モデルの AIC

そこで，$P = 16$ として AIC による AR モデルの次数選択を行う．図 4.4 に AIC を示す．その結果，残差系列に対しては AR(3) モデルが選択される．モデルの詳細は省略するが，得られた AR(3) モデル，線形トレンド，季節成分を用いて予測などを行うこともできる．

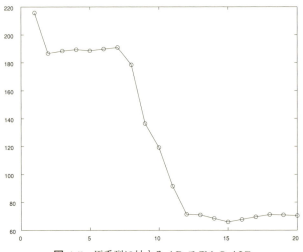

図 4.5　原系列に対する AR モデルの AIC

4.6.3　自己回帰モデルの推定

前項では時系列の分解を行ったが，トレンドが線形トレンドでなかったり，季節成分が確率的であるような場合は，きれいな時系列の分解を行うことは困難である．このような場合，原系列に非定常な AR モデルをあてはめることが考えられる．ここでは，4.6.1 項の原データに直接 AR モデルをあてはめた結果を例として紹介する．

$P = 20$ とおいて AR モデルの次数決定を行うと，AR(15) モデルが選択される．図 4.5 に AIC を示す（P としては，2 年間に相当する 24 を超える値が望ましいが，系列長 $N = 116$ が十分とは言えないので $P = 20$ とした）．

推定された AR(15) モデルの係数を表 4.1 に示す．

a_1 から a_{15} によって定まる特性方程式の解 15 個をプロットしたのが図 4.6 である．単位円のほぼ真上に解が存在しているので，得られたモデルは非定常モデルとみなせる．また，12 個の解が単位円の近くにほぼ等間隔で並んでおり，これらが周期性に対応していることがわかる．また，プラスの定数項の存在が右上がりの線形トレンドに対応している．

選択された AR(15) モデルの係数の推定値を用い，漸化式 (4.12) によ

表 4.1　AR(15) モデルの係数の推定値

a_0	-0.2712	a_8	-0.1277
a_1	0.3602	a_9	0.0692
a_2	0.1478	a_{10}	-0.0094
a_3	0.1669	a_{11}	0.2550
a_4	-0.1239	a_{12}	0.4792
a_5	0.0896	a_{13}	-0.0129
a_6	0.0372	a_{14}	-0.1527
a_7	0.0106	a_{15}	-0.1865

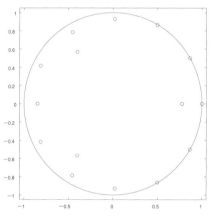

図 4.6　AR(15) モデルの特性方程式の解

って得られた予測値を図 4.7 に示す．線形トレンドおよび周期性をうまくとらえた予測値が得られている．

　本節では，同じデータに対して 4.6.2 項と本項の異なるふたつのアプローチを例として紹介した．実証分析では，データの性質からどちらのアプローチがふさわしいかの判断ができれば，一方のアプローチのみで十分であろう．判断がむずかしい場合は双方のモデルを推定し，AIC の値や残差の性質などを考慮し，さまざまな観点から検討する必要がある．たとえば，残差がホワイトノイズとみなせるかどうかの検証法なども利用できる（[4] 参照）．

　重要なポイントはトレンドの性質にある．非定常 AR モデルでは**確率**

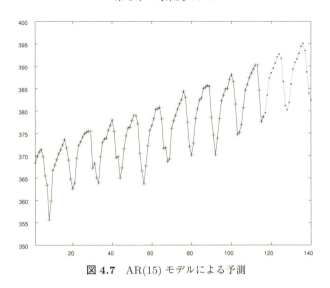

図 4.7　AR(15) モデルによる予測

的トレンドの存在が許される．ランダムウォークのような挙動を示す確率的トレンドを扱えるのが ARIMA モデルであり，本項の非定常 AR モデルは（季節的）ARIMA モデルの特別な場合になっている（ARIMA モデルについては [4] を参照）．一般論として，確率的トレンドとみなされる場合は ARIMA モデル，さらに季節成分も確率的ならば季節的 ARIMA モデルがふさわしいと考えてよい．それに対して 4.6.2 項の時系列の分解では，トレンドを確率的ではなく決定論的ととらえている．

　二酸化炭素濃度の例に関しては，ここで取り上げた期間においては比較的きれいな線形トレンドという決定論的トレンドが見てとれる．しかし，この傾向がそのまま続く保証はない．したがって 4.6.2 項のアプローチではトレンドの扱いを検討する必要がある．それでもなお，二酸化炭素濃度のトレンドは確率的と言えるほどの変動はしておらず，トレンドを的確にとらえることができれば 4.6.2 項のアプローチはなお有効であると考えてよい（トレンドについては第 7 章も参照）．

　一方，経済時系列などは様々な要因の影響を受けて変動するため，確率的トレンドと想定したほうがよいことが少なくない．ふたつのアプローチそれぞれが有用であり，意義があると言える．

注意
以上の問題をよりシンプルにすると,解析対象の時系列に対してふさわしいのは,線形トレンドに定常ノイズが加わるというモデルと,ドリフト項のあるランダムウォークのどちらであるかというものとなる.このような問題は,**単位根検定**と呼ばれる仮説検定と直接かかわりのある,計量経済学における重要な問題となっている.ランダムウォークは ARIMA モデルの特別な場合であり,ARIMA モデルは単位根を持つモデルとなっている.

第5章

非線形時系列モデル

5.1 線形と非線形

入出力システムが線形であるとは,ふたつの入力があったとき,その和を入力したときの出力が,それぞれの入力に対する出力の和と一致することをいう.すなわち,システムを f,入力を x_1, x_2 としたとき

$$f(x_1 + x_2) = f(x_1) + f(x_2)$$

また,確率過程が線形過程であるとは,独立同一分布に従うホワイトノイズの線形結合(無限級数)で表現できることを意味する.すなわち,ホワイトノイズを $\{e_n\}$ としたとき

$$x_n = \sum_{k=0}^{\infty} a_k e_{n-k}$$

一般に線形時系列モデルとは,線形入出力システムをベースにしたモデルや,線形過程を与えるようなものを指す.線形でないものは非線形モデルと呼べるが,一般に議論の対象となるのは,対数変換のような簡単な操作では線形モデルに還元できないような,本質的に非線形と考えられるモデルである.

線形過程ではない時系列や,非線形時系列モデルから得られる時系列を非線形時系列と呼ぶことにする.非線形時系列についても,定常性・非定

常性の定義は有効である．本章および次章で扱うのは，基本的には定常な非線形時系列である．

実際の時系列として，太陽の黒点の数の系列や，カナダオオヤマネコ (Canadian lynx) の生息数の系列などを考えたとき，線形モデルは時系列の特徴をうまくとらえることができず，非線形モデルの必要性が生じる（カナダオオヤマネコについては次章で扱う）．本章で，代表的な非線形時系列モデルのひとつである閾値モデルを紹介した上で，ファジィシステムを応用した非線形モデルを次章で説明する．本書で扱う非線形モデルは，自己回帰型，あるいはそれに近いものに限定する．非線形時系列モデルの話に入る前に，決定論的システムとの関連性について述べる．

5.2 決定論的システムと確率的システム

5.2.1 カオス

近年話題になったカオスに関する問題は，基本的には決定論的動的システムを対象とする．動的システムは力学系とも呼ばれる．離散時間の決定論的動的システムは次式で与えられる．

$$x_n = f(x_{n-1}, ..., x_{n-p}) \tag{5.1}$$

たとえば初期値 $x_0, x_{-1}, ..., x_{-p+1}$ を与えると，任意の時点 $n > 0$ に対する値 x_n が確定する．カオスという現象は，このような決定論的なシステムから生成される系列であるにもかかわらず，一見ランダムな動きを示す場合を指す．カオス的なシステムの場合は，初期値への鋭敏な依存性を持ち，決定論的であるにもかかわらず長期的な予測が実際には不可能になる．

> **注意**
> 「ランダム」という言葉は，2種類の意味で用いられることがある．ひとつは，"random sampling（無作為標本）" の "random" で，まったくのデタラメという強い意味になる．もう一方は，"random variable（確率変数）" の "random" で，偶然性あるいは確率変動を伴うという弱い意味になる．ここでは，後者の弱い意味を表している．

力学系の分野などでシステムに関する「推定」の問題を扱うときは，暗黙のうちに次のようなモデルを想定していることが多い．

$$x_n = f(x_{n-1}, ..., x_{n-p}) \tag{5.2}$$

$$y_n = x_n + e_n \tag{5.3}$$

ここで $\{e_n\}$ はホワイトノイズで，観測されるのは $\{y_n\}$ である．このような場合，$\{e_n\}$ は観測ノイズと呼ばれる．このシステムでは，動的な確率構造は入らないため，特に時系列モデルとして考える必要性はない．一方，典型的な時系列モデルは

$$x_n = f(x_{n-1}, ..., x_{n-p}) + e_n \tag{5.4}$$

である．$\{e_n\}$ はホワイトノイズであるが，この場合はシステムノイズと呼ばれる．このモデルの場合は動的な確率構造が入ってくるため，時系列の性質が決定論的システムの場合と大きく異なってくる．

5.2.2 ロジスティック写像

$p = 1$ の場合の決定論的な非線形システムの代表例が以下のロジスティック写像である．

$$x_n = ax_{n-1}(1 - x_{n-1}) \quad n = 1, 2, ... \tag{5.5}$$

ただし x_0 は初期値である．$0 \leq a \leq 4, 0 \leq x_0 \leq 1$ とすると $0 \leq x_n \leq 1$ $(n = 1, 2, ...)$ となり発散することはない．a の値によって $\{x_n\}$ は収束したり，振動したり，不規則な動きを示したりする．不規則な動きの場合が「カオス的」である（たとえば $a = 4.0$ の場合）．

次に，式 (5.5) にシステムノイズが加わった確率的システムを考える．

$$x_n = ax_{n-1}(1 - x_{n-1}) + e_n \quad n = 1, 2, ... \tag{5.6}$$

ただし x_0 が初期値で，$\{e_n\}$ はホワイトノイズである．$0 \leq x_n \leq 1$ のとき $0 \leq ax_n(1 - x_n) \leq a/4$ であるが，負の値のノイズが加わると，x_{n+1} が負となることがある．ロジスティック写像の負の値における接線の傾き

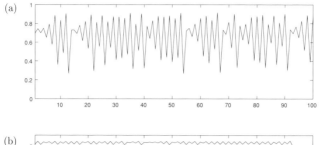
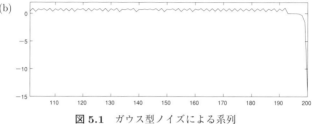

図 5.1 ガウス型ノイズによる系列

は a より大きいため，$a \geq 1$ のとき x_{n+2} の値は負の方向へより大きな値になりがちである．結果として分散が発散するような非定常であることがわかる．

$a = 3.6$ で標準偏差が 0.02 であるようなガウス型ホワイトノイズの場合について人工的に生成した時系列の例を図 5.1 に示す．$x_0 = 0.5$ として生成した 36 万強の長さの系列の最後の 200 個の時系列プロットである．図 5.1(a) のグラフは最後の 200 個の前半部分で，一見定常とみなされるような動きをしている．ところが (b) のグラフで示される続く 100 個の最後の部分で，x_n の値が負の方向へ発散している．

そこで，非線形システムに関するシミュレーションを行うことができるよう，ロジスティック写像を修正した，次のような確率的システムを導入する．

$$x_n = 4(a-b)x_{n-1}(1-x_{n-1}) + b + e_n \quad (0 < b < a < 1) \tag{5.7}$$

$0 \leq x_{n-1} \leq 1$ のとき，$b \leq 4(a-b)x_{n-1}(1-x_{n-1}) + b \leq a$ となる．また，この修正ロジスティック写像において $b = 0$ としたものが通常のロジスティック写像と一致する．システムノイズとして，とる値が $-\epsilon$ 以上か

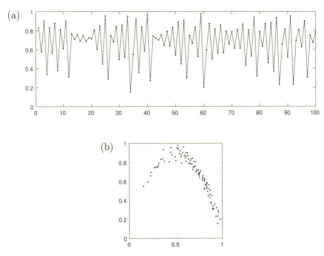

図 5.2 三角形型ノイズによる系列

つ ϵ 以下であるような分布に従うものを考えると，ϵ が十分小さければシステム (5.7) は定常となる．

システムノイズの分布を三角形型として，$a = 0.9$, $b = 0.1$, $\epsilon = 0.1$ とした時系列の例を図 5.2 に示す．図 5.2(b) は，横軸を x_{n-1}，縦軸を x_n とした散布図である．次章では，この時系列データに非線形モデルをあてはめるというシミュレーションを紹介する．

本書では次の理由により確率的な動的システムを対象とする．経済時系列に代表される統計的分析の対象となる時系列は，さまざまな要因に依存して変動している．したがって，それらの時系列がシンプルな決定論的メカニズムに支配されていると仮定することには無理があると考えられる．このことは，時系列モデルとしては確率的な動的システムがよりふさわしいであろうことを意味している．

5.3 非線形自己回帰モデル

線形自己回帰モデルは，$f(x_1, ..., x_p) = a_0 + a_1 x_1 + \cdots + a_p x_p$ とおけば次の形で表される．

$$x_n = f(x_{n-1}, ..., x_{n-p}) + e_n \tag{5.8}$$

一般に,$f(x_1, ..., x_p)$ が非線形関数であるとき,(5.8) は非線形自己回帰モデルと呼ばれる(本書では,ホワイトノイズが和の形で加わる加法モデルに限定する).モデル (5.8) は,$x_{n-1}, ..., x_{n-p}$ を与えたときの x_n の条件付き分布が,平均 $f(x_{n-1}, ..., x_{n-p})$ のある分布であるという形の定式化と同等である.

回帰分析でも,非線形回帰モデルは

$$y_n = f(x_{1n}, ..., x_{qn}) + e_n \tag{5.9}$$

と表すことができる.単回帰,すなわち $q = 1$ のとき,非線形回帰モデルのもっとも簡単な例は,$f(x) = a_0 + a_1 x + a_2 x^2 + \cdots + a_p x^p$ という多項式の場合である.この場合,$x_{1n} = x, x_{2n} = x^2, ..., x_{pn} = x^p$ とおけば,説明変数が p 個の通常の重回帰モデルとなり,線形モデルとして扱うことができる.時系列解析でも,$p = 1$ のとき,$f(x)$ に 2 次以上の多項式を仮定すると非線形自己回帰モデルとなる.しかし,加法型ノイズがガウス型,すなわち正規分布に従う場合,2 次以上であればどのような多項式を用いても,このモデルは分散が発散するような非定常モデルとなり,実用的なモデルとは言えなくなる(前節のロジスティック写像 (5.6) 参照).そこで時系列解析では,関数型としてラグ付き変数 x_{n-1} のみの多項式とは異なる形のものを導入する必要がある.比較的シンプルな非線形時系列モデルの代表例が,バイリニア(双線形)モデルと次節で紹介する TAR モデルである.ただし,バイリニアモデル,TAR モデルはともに自己回帰型ではないが,自己回帰型に近い形をしている.以下で触れるように,TAR モデルの特別な場合が自己回帰型となる.

5.4 閾値モデル

一般には TAR モデルと言われるものをここでは簡単に閾値モデルと呼ぶ.より正確には,TAR (threshold autoregressive) モデルのなかでも

SETAR (self-excited threshold autoregressive) モデルを指す（TAR モデルの詳細については，[19], [7], [8], [20] などを参照）．

$K-1$ 個の閾値 $t_1 < t_2 < \cdots < t_{K-1}$ によって $(-\infty, \infty)$ を K 個の区間に分割する．k 番目の区間を $\{x|t_{k-1} < x \leq t_k\}$ とする．ただし $t_0 = -\infty$, $t_K = \infty$ とする．閾値モデルは，区間ごとに通常の自己回帰 (AR) モデルを与え，ある自然数 d に対し，x_{n-d} が存在する区間によってそれぞれの AR モデルに x_n が従うと仮定するモデルである．すなわち，次式によって表される．

$$x_n = \begin{cases} a_{10} + a_{11}x_{n-1} + \cdots + a_{1p}x_{n-p} + h_1 e_n & \text{if } x_{n-d} \leq t_1 \\ \vdots & \\ a_{k0} + a_{k1}x_{n-1} + \cdots + a_{kp}x_{n-p} + h_k e_n & \text{if } t_{k-1} < x_{n-d} \leq t_k \\ \vdots & \\ a_{K0} + a_{K1}x_{n-1} + \cdots + a_{Kp}x_{n-p} + h_K e_n & \text{if } t_{K-1} < x_{n-d} \end{cases} \quad (5.10)$$

ここで $\{e_n\}$ は分散 1 のホワイトノイズで，各区間におけるシステムノイズの分散が h_k^2 となる．一般に，各区間における AR の次数は異なってよいが，ここでは簡単のためにすべて p 次とする．また，$d > p$ でもよいが，やはり簡単のために $1 \leq d \leq p$ とする．閾値モデルでは区間ごとのシステムノイズの分散が一般には異なるので，条件付きの不均一分散モデルとなる．特別な場合として，すべての区間で h_k が等しい均一分散の場合を考え，$\sigma^2 = h_k^2$ とおく．このとき，閾値モデルは次の非線形自己回帰型となる．

$$x_n = f(x_{n-1}, x_{n-2}, ..., x_{n-p}) + e_n \quad (5.11)$$

ここで $\{e_n\}$ は分散が σ^2 のホワイトノイズである．関数 $f(x_1, x_2, ..., x_p)$ は次式で与えられる．

5.4 閾値モデル

$$f(x_1, x_2, ..., x_p) = \begin{cases} a_{10} + a_{11}x_1 + \cdots + a_{1p}x_p & \text{if } x_{n-d} \leq t_1 \\ \quad \vdots & \\ a_{k0} + a_{k1}x_1 + \cdots + a_{kp}x_p & \text{if } t_{k-1} < x_{n-d} \leq t_k \\ \quad \vdots & \\ a_{K0} + a_{K1}x_1 + \cdots + a_{Kp}x_p & \text{if } t_{K-1} < x_{n-d} \end{cases} \quad (5.12)$$

関数 $f(x_1, x_2, ..., x_p)$ は,各区間内では線形となるので区分線形と呼ばれる非線形関数である.一般に連続性は仮定されない.

ここで,集合 A_k $(k = 1, ..., K)$ を $A_k = \{x | t_{k-1} < x \leq t_k\}$ と定義する.このとき,関数 $f(x_1, x_2, ..., x_p)$ は高木-菅野のファジィシステムの特別な場合となる.個々のルールを $R_1, ..., R_K$ とおけば,k 番目のルールは次のように表現できる.

$$R_k: \text{If } x_d \text{ is } A_k, \text{ then } v_k = a_{k0} + a_{k1}x_1 + \cdots + a_{kp}x_p \quad (5.13)$$

このシステムからの出力は

$$f(x_1, ..., x_p) = \sum_{k=1}^{K} \mu_{A_k}(x_d) v_k \quad (5.14)$$

で与えられる.なお,メンバシップ関数 μ_{A_k} は,

$$\mu_{A_k}(x) = \begin{cases} 1 & \text{if } t_{k-1} < x \leq t_k \\ 0 & \text{otherwise} \end{cases} \quad (5.15)$$

であり,実際は x_d の属する区間の出力がそのまま最終的な出力となる.

このように,均一分散のときの閾値モデルを表現する非線形関数は,ファジィシステムの特別な場合であることがわかる.このことは,ファジィ化によって TAR モデルを一般化できることを示している.次章では,このようなファジィ化を行う.

第6章

ファジィ時系列モデル

6.1 ファジィ自己回帰モデル

6.1.1 高木-菅野のファジィシステムによるモデル

非線形自己回帰モデル

$$x_n = f(x_{n-1}, ..., x_{n-p}) + e_n \tag{6.1}$$

における非線形関数 f がファジィシステムで表現されるとき，(6.1) をファジィ自己回帰 (AR) モデルと呼ぶこととする．ただし $\{e_n\}$ はホワイトノイズである．ここではファジィシステムとして第3章で紹介した高木-菅野のシステムを考え，

$$x_n = \mathrm{TSS}(x_{n-1}, ..., x_{n-p}) + e_n \tag{6.2}$$

とする．前章の最後で触れた均一分散のときの TAR モデルのファジィ化を含め，$\mathrm{TSS}(x_1, ..., x_p)$ の一般形は次のルール $R_1, .., R_K$ によって与えられる．

$$R_k : \text{If } X \text{ is } A_k, \text{ then } v_k = a_{k0} + a_{k1}x_1 + \cdots + a_{kp}x_p \tag{6.3}$$

ここで一般には $X = (x_1, ..., x_p)$ であるが，TAR モデルの場合は $X = x_d$ となる．すなわち，TAR モデルの直接のファジィ化では実軸のファジィ分割を行うことになるが，一般には p 次元空間のファジィ分割を考える

ことができる．このシステムからの出力は

$$\text{TSS}(x_1,...,x_p) = \sum_{k=1}^{K} \mu_{A_k}(X) v_k \tag{6.4}$$

である．

真の非線形システムが (6.1) の形であることを仮定できても，f の関数型がわからない場合が多い．そこで，何らかのシステムによって非線形関数 f を近似することが求められる．高木-菅野のファジィシステムは，有限区間において連続関数を任意の精度で近似できることがわかっている．ただし，そのためには K の数を十分大きくする必要がある．

階層型ニューラルネットワークも同じような関数近似の能力を有している．ニューラルネットでよい近似を与えるためには中間層のニューロン数を十分大きくする必要がある．多くの場合がそうであるように真の非線形システムの関数型が未知の場合，非線形モデルとしては，ファジィシステムやニューラルネットといった近似能力を持つシステムを用いる必要がある．多項式も関数近似の能力を有するが，前述のように時系列モデルとしては非定常となってしまう難点がある．

6.1.2 モデルの例

もっとも簡単な $p=1$ のモデル

$$x_n = f(x_{n-1}) + e_n \tag{6.5}$$

について，f として最初に図 6.1 の区分線形関数を考える．このモデルは，区間数が 4 で分散が均一である TAR モデルとなる．この f を図 6.2(a) のメンバシップ関数で定まるファジィ分割を用いてファジィ化すると，図 6.2(b) の非線形関数が得られる．もとの区分線形モデルは不連続であるが，ファジィ化された非線形関数は連続となっている．ただし，なめらかにはなっていない．図 6.3(a) のなめらかなファジィ分割を用いてファジィ化すると，図 6.3(b) のなめらかな非線形関数が得られる．これを TSS(x) とおき，この TSS を用いた 1 次の非線形自己回帰モデルを

第6章 ファジィ時系列モデル

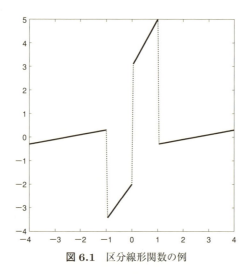

図 6.1 区分線形関数の例

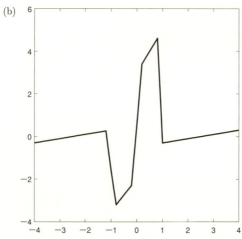

図 6.2 ファジィ分割のメンバシップ関数と得られる非線形関数 (1)

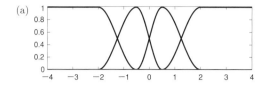

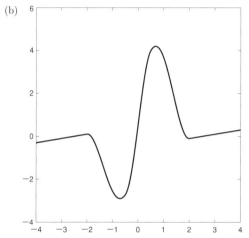

図 6.3 ファジィ分割のメンバシップ関数と得られる非線形関数 (2)

考える．

$$x_n = \text{TSS}(x_{n-1}) + e_n \tag{6.6}$$

$\{e_n\}$ を標準偏差が 0.8 であるようなガウス型ホワイトノイズとして人工的に生成した系列の例を図 6.4 に示す．$p = 1$ の非線形時系列モデルではあるが，線形の AR(1) モデルでは生成しえない系列になっていることがわかる．

6.1.3 同定

実際にファジィ AR モデル (6.2) を適用するためには，ルールの数 K とファジィ分割を定めるファジィ集合 A_k を求めなければならない．このような問題は同定 (identification) と呼ばれる．おもに制御の分野を中心に，ファジィシステムの同定法に関してはさまざまな工夫がなされてい

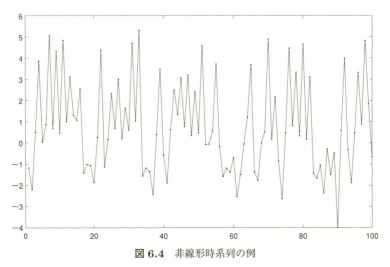

図 6.4 非線形時系列の例

る．ファジィシステムの同定の場合，前件部のファジィ分割の部分については何らかの形でファジィ k-means 法を応用することが多い．X が 1 次元でルール数が多くない場合は，メンバシップ関数のパラメータを非線形最適化手法で直接推定することも可能である．このような場合はいくつかの K についてあてはめを行い，情報量規準を用いて K を選択するという方法が適用できる．

> **注意**
> 非線形最適化手法としては，導関数を必要としない Nelder-Mead 法が有用である．Nelder-Mead 法は，ソフトウェア R や Matlab に実装されている．実際は，パラメータに非負や大小関係といった制約条件が課されることが多い．制約条件のもとで最適化を行う関数も実装されている．

前件部が与えられると，後件部のパラメータは通常の最小 2 乗法で推定することができる．これは，グレードを用いると次のような線形の表現が得られるからである．

$$\begin{pmatrix} x_N \\ x_{N-1} \\ \vdots \\ x_{p+1} \end{pmatrix} = G(x_{N-1},...,x_1)\beta + \begin{pmatrix} e_N \\ e_{N-1} \\ \vdots \\ e_{p+1} \end{pmatrix} \tag{6.7}$$

ここで $\beta = \begin{pmatrix} a_{10} & a_{11} & \cdots & a_{1p} & \cdots & a_{K0} & a_{K1} & \cdots & a_{Kp} \end{pmatrix}'$ であり，G は次のような $(N-p) \times K(p+1)$ の行列である．ただし，$'$ は転置行列を表す．

$$G(x_{N-1},...,x_1) = \begin{pmatrix} \nu_{N,1} & \nu_{N,2} & \cdots & \nu_{N,K} \\ \nu_{N-1,1} & \nu_{N-1,2} & \cdots & \nu_{N-1,K} \\ \vdots & \vdots & & \vdots \\ \nu_{p+1,1} & \nu_{p+1,2} & \cdots & \nu_{p+1,K} \end{pmatrix}, \tag{6.8}$$

$$\nu_{n,k} = \begin{pmatrix} \mu_{A_k}(X_n) & x_{n-1}\mu_{A_k}(X_n) & \cdots & x_{n-p}\mu_{A_k}(X_n) \end{pmatrix} \tag{6.9}$$

なお，一般には $X_n = (x_{n-1},...,x_{n-p})$ であり，TAR モデルの場合は $X_n = x_{n-d}$ となる．

すべてのパラメータが推定されて同定が完結する．モデリングのプロセスとしては，一般的には同定されたモデルの妥当性の検証も必要とされるが，ここでは言及しない．パラメータ推定についてはさらに詳しく説明する．

6.1.4 推定

ルールの数 K とメンバシップ関数の型が同定されると，残るは最終的なパラメータの推定である．パラメータ推定法のもっとも一般的な方法が最尤法である．観測値 $(x_1, x_2, ..., x_N)$ が連続型の分布に従う場合の最尤法は，同時確率密度関数 $g(x_1, x_2, ..., x_N)$ に観測値を代入し，これを最大にするようなパラメータを推定値とする方法である．線形，非線形ともに自己回帰型の場合，同時密度は条件付き密度の積の形で与えられる．

$$g(x_1, x_2, ..., x_N) = g(x_N|x_{N-p}, ..., x_{N-1})g(x_{N-p}, ..., x_{N-1})$$
$$= g(x_N|x_{N-p}, ..., x_{N-1})g(x_{N-1}|x_{N-p-1}, ..., x_{N-2}) \cdot$$
$$g(x_{N-p-1}, ..., x_{N-2})$$
$$\vdots$$
$$= g(x_N|x_{N-p}, ..., x_{N-1})g(x_{N-1}|x_{N-p-1}, ..., x_{N-2}) \cdots$$
$$g(x_{p+1}|x_1, ..., x_p)g(x_1, ..., x_p)$$

g の最大化と $\log g$ の最大化は同等なので,対数をとって,

$$\log g(x_1, x_2, ..., x_N) = \log g(x_1, ..., x_p) + \sum_{n=p+1}^{N} \log g(x_n|x_{n-p}, ..., x_{n-1}) \tag{6.10}$$

未知パラメータの関数とみなした場合,(6.10) は対数尤度と呼ばれる.

自己回帰型の場合, $\log g(x_n|x_{n-p}, ..., x_{n-1})$ は e_n の分布によって定まる.また, x_n の条件付き期待値は,自己回帰モデル (6.1) における $f(x_{n-1}, ..., x_{n-p})$ となる.たとえば $e_n \sim N(0, \sigma^2)$ の場合,

$$x_n|x_{n-p}, ..., x_{n-1} \sim N(f(x_{n-1}, ..., x_{n-p}), \sigma^2)$$

であり,

$$g(x_n|x_{n-p}, ..., x_{n-1}) = \frac{1}{\sqrt{2\pi}\sigma} \exp\left(-\frac{(x_n - f(x_{n-1}, ..., x_{n-p}))^2}{2\sigma^2}\right) \tag{6.11}$$

となる.

非線形モデルについての最小2乗法は,線形の場合と同じく,残差平方和

$$\sum_{n=p+1}^{N} \{x_n - f(x_{n-1}, ..., x_{n-p})\}^2 \tag{6.12}$$

を最小にするようなパラメータを求めようとするものである．この際のパラメータは，$f(x_{n-1}, ..., x_{n-p})$ に含まれるもののみとなる．線形モデルとの違いは，一般に残差平方和を最小とする解が明示的な式の形では得られず，数値的解法をとらざるを得ない点にある．前述のような非線形最適化の手法を適用する必要がある．これは最尤法と同様である．

e_n がガウス型の場合，残差平方和の最小化は，対数尤度 (6.10) において初期値にかかわる右辺第1項を省略した近似対数尤度

$$\sum_{n=p+1}^{N} \log g(x_n | x_{n-p}, ..., x_{n-1}) \tag{6.13}$$

の最大化と同等であることがわかる．第4章で紹介した線形 AR モデルの AIC は，この近似尤度に基づいている．

> **注意**
> 繰り返し計算による非線形最適化手法は初期値依存性をもち，収束したとしてもその値は最適解である保証はなく，局所解にすぎない可能性があることに注意が必要である．非線形性が強いほど初期値依存性は強く，初期値を数多く与えてそのなかからもっともよいものを選択するなどの工夫が必要となる．

本項では自己回帰型モデルについての尤度を示したが，条件付き不均一分散の TAR モデルの尤度も同じように条件付きで表現することができるが，ここでは省略する．

6.1.5　適用例

前章の図 5.2(a) に示される時系列データに対し，ファジィ AR モデル (6.2) をあてはめた例を示す．ここで $p = 1$ が既知であることは仮定するが，(6.1) における真のシステム $f(x)$ は未知であるものとして，$f(x)$ をファジィシステム TSS(x) に置き換え，ファジィ AR モデルによって推定を行う．

あてはめるモデル (6.2) におけるファジィ分割数は $K = 2$，メンバシップ関数は

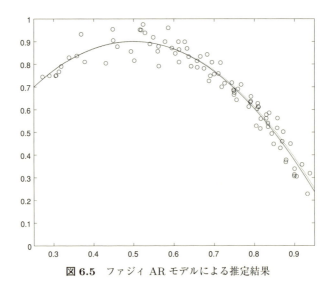

図 6.5 ファジィ AR モデルによる推定結果

$$\mu_{A_1}(x) = \frac{1}{1 + \exp\big((x-c)/b\big)}$$

$$\mu_{A_2}(x) = 1 - \mu_{A_1}(x) = \frac{1}{1 + \exp\big(-(x-c)/b\big)}$$

で与えた．最小 2 乗法によって TSS(x) を推定した結果，次のパラメータが得られた．

$$(b,\ c) = (1.356,\ 0.6484)$$
$$(a_{10},\ a_{11}) = (-0.6531,\ 9.603)$$
$$(a_{20},\ a_{21}) = (1.313,\ -8.069)$$

推定されたシステム TSS を図 6.5 に示す．図 6.5 は，図 5.2 の時系列データを横軸 x_{n-1}，縦軸 x_n としてプロットした散布図で，点線が真のシステム $f(x)$，実線が推定された TSS(x) を表している．ファジィ AR モデルによって真のシステムがよく近似できていることがわかる．

このデータに関しては，TAR タイプの区分線形の関数では区間数をかなり大きくしない限りよい近似を得ることはできない．ファジィシステムの有用性が示されていると言えよう．ただし，この例においては最小の

$K = 2$ で十分であったが,一般によい近似を得るためには K を十分大きくする必要がある.

ここで紹介した例はシミュレーションによる人工的な例である.より実際的な例については文献 [3], [12] を参照してほしい.

> **注意**
> ファジィ AR モデルと同じようなアイデアによる非線形時系列モデルとして,平滑推移 (smooth-transition)AR モデルもある ([18]).

6.2 ファジィ TAR モデル

6.2.1 TAR モデルのファジィ化

ファジィ自己回帰モデルは均一分散であるのに対し,TAR モデルは条件付き不均一分散モデルである.そこで,TAR モデルの直接の拡張となる条件付き不均一分散モデルとなるファジィ TAR モデルを紹介する (FTAR モデルと呼ぶこととする).

ファジィ AR モデルは,$x_{n-1}, ..., x_{n-p}$ によって決定される部分に,ファジィルールで表現される高木-菅野のファジィシステムを仮定し,その出力にシステムノイズが加わって x_n が得られるというモデルであった.これに対して FTAR モデルは,システムノイズもファジィルールのなかに入り,ファジィシステムの出力がそのまま x_n になるというモデルである.ルールを $R_1, ..., R_K$ とおく.FTAR の定義は以下のとおり.

R_1 : If X_n is A_1, then $v_{n1} = a_{10} + a_{11}x_{n-1} + \cdots + a_{1p}x_{n-p} + h_1 e_n$

R_k : If X_n is A_2, then $v_{n2} = a_{20} + a_{21}x_{n-1} + \cdots + a_{2p}x_{n-p} + h_2 e_n$

$\vdots$

R_K : If X_n is A_K, then $v_{nK} = a_{K0} + a_{K1}x_{n-1} + \cdots + a_{Kp}x_{n-p} + h_K e_n$

$$x_n = \sum_{k=1}^{K} \mu_{A_k}(X_n) v_{nk} \tag{6.14}$$

ここで $\{e_n\}$ はホワイトノイズで，$h_k > 0$ とする．h_k^2 がルール内でのシステムノイズの局所的な分散となる．X_n は $x_{n-1},...,x_{n-p}$ のすべてあるいはその一部からなるベクトルで，ファジィ集合 A_k は，X_n と同じ次元の実数空間のファジィ分割を与えるものとする．

6.2.2 同定と推定

前件部の同定が重要な問題となるが，これについてはファジィ AR モデルの場合と同様である．後件部を中心にパラメータの推定は最尤法が基本となる．不均一分散のとき最小 2 乗法と最尤法は一致しない．

前節で示した自己回帰型モデルの尤度と同じように，FTAR モデルの尤度も条件付き密度関数を通して書き下すことができる．したがって数値的な非線形最適化手法の適用によって計算が可能となる．

不均一分散の場合，最小 2 乗法は最適とは言えなくなるが，最尤法における a_{kj} $(k=1,...,K;\ j=0,...,p)$ の初期値を求めるのに最小 2 乗法は有用である．

6.2.3 適用例

図 6.6(a) に示す，カナダオオヤマネコ (Canadian lynx) のデータを考える．これは，カナダのある地域で 1 年間にわなにかかったヤマネコの数の時系列（1821 年～1934 年）で，非線形時系列モデルのあてはめの例によく用いられてきたデータである．(b) は常用対数をとったもので，これに対してのあてはめを行う（カナダオオヤマネコの時系列データについては，Canadian lynx data. K.S. Lim (originator), Encyclopedia of Mathematics. (http://www.encyclopediaofmath.org/index.php?title=Canadian_lynx_data&oldid=14880) を参照）．

図 6.6(b) の時系列に対する FTAR モデルのあてはめを行うが，本項では条件付き不均一分散モデルと均一分散モデルの比較をメインとするため，シンプルな構造の FTAR モデルに限定する．また，ホワイトノイズはガウス型とする．

ここでは TAR モデルと同様の構造を想定し，$X_n = x_{n-d}$ とする．以

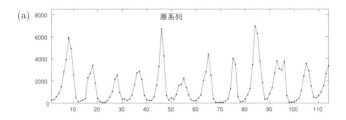

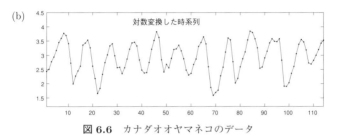

図 6.6　カナダオオヤマネコのデータ

表 6.1　ふたつのモデルの推定結果

	平均 2 乗誤差	$-2 \times$ 対数尤度
FTAR モデル	1.999	-74.45
ファジィ AR モデル	1.994	-53.11

下では $p=3$, $d=4$ とした結果を紹介する．実際は，いくつかの p, d についてあてはめを行い，AIC などを用いてモデルを選択する必要がある．

前節の適用例と同じく，ファジィ分割数は $K=2$，メンバシップ関数を

$$\mu_{A_1}(x) = \frac{1}{1+\exp\left((x-c)/b\right)}$$
$$\mu_{A_2}(x) = 1 - \mu_{A_1}(x) \;=\; \frac{1}{1+\exp\left(-(x-c)/b\right)}$$

とする．比較のために，同じ形のファジィ分割を持つファジィ AR モデルもあてはめた．得られたモデルの平均 2 乗誤差や最大対数尤度を -2 倍した値を表 6.1 に示す．各パラメータの値は省略する．

均一分散モデルであるファジィ AR モデルのシステムノイズの標準偏

差の推定値が 0.1901 であるのに対し，FTAR モデルでのそれぞれの標準偏差は 0.1280, 0.2437 となり，実際に不均一分散のモデルが推定されている．

最尤法によって得られる FTAR モデルの平均 2 乗誤差は，最小 2 乗法によって得られる値より大きくなるのが一般的である．一方，ファジィ AR モデルについては最尤法と最小 2 乗法は（ガウス型の前提で）一致する．したがって，FTAR とファジィ AR モデルの平均値関数は同じ形をしていることから，表 6.1 にあるようにファジィ AR モデルの平均 2 乗誤差がより小さくなっているのは当然の結果である．しかし，尤度には大きな違いがある．対数尤度の -2 倍にパラメータ数の 2 倍を加えたものが通常の AIC となるので，AIC にも大きな開きがあり，尤度や AIC で判断する限りあきらかに不均一分散である FTAR モデルのほうが選択される結果となっている．

ふたつの推定されたモデルの比較を行うため，観測された時系列の 100 個までの値から，$n = 101, ..., 164$ までを予測した結果を図 6.7 に示す（モデルを $n = 1, ..., 114$ までの全データを用いて推定しているので，実際の予測とは一部状況が異なる）．点線が FTAR モデルによる予測値で，破線（周期が短いほう）がファジィ AR モデルによる予測値である．この場合は，FTAR モデルによる予測値のほうが実際の周期に近い動きとなっている．平均 2 乗誤差はほとんど変わらなくても，モデルの違いが予測値へ反映されていることがわかる．不均一分散モデルの意義を示すひとつの例になっていると言えよう．

> **注意**
> 非線形モデルでは，パラメータのちょっとした違いでシステムの性質が大きく変わることがある．実際のモデル選択においては，AIC などで機械的に選択するだけではなく，推定されたモデルの性質を予測やシミュレーションなどを通して検討する必要がある．

本節では，ファジィシステムを応用した非線形時系列モデルの実用性を示すことを目的として，簡単な例を用いての説明を行ってきた．しかし，

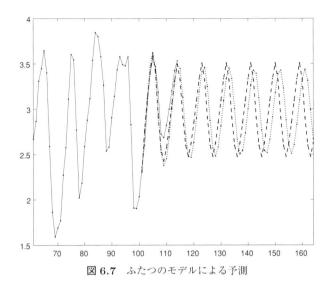

図 6.7　ふたつのモデルによる予測

ここで得られた FTAR モデルがカナダオオヤマネコに対するモデルとしてふさわしいかについては検討の余地がある．カナダオオヤマネコに対するモデリングについては，[19], [7], [8] などが詳しい．

第 7 章

ファジィトレンドモデル

7.1 トレンドの推定法

本章では時系列解析の基本である時系列の分解における,トレンドの推定について考える.前章とは,ファジィシステムを応用するという共通点はあるが,直接的な関連性はない.

最初に,季節成分はないものとして,

$$x_n = T_n + I_n \tag{7.1}$$

とする.I_n は平均 0 である確率過程で,T_n は決定論的な系列であると仮定する(確率過程であってもよいが,その際は条件付きで考えることとする).このとき,トレンド項 T_n は x_n の平均値関数となる.

第 4 章で簡単に説明したように,代表的なトレンドの推定法として多項式回帰や移動平均法がある.多項式回帰は,T_n に n の多項式というモデルを仮定するパラメトリックな手法であり,移動平均法は局所的な平均によって推定するというノンパラメトリックな手法である.

多項式回帰はその関数型の制限により,トレンドを表現するには十分と言えず,トレンドが除去しきれないことが多い.また,2 次以上の多項式は予測などには不向きである.それに対し移動平均法は,移動平均の期間を短くとれば時系列の動きによく追随するようになるが,見せかけのトレンドが生じたりすることもあり,期間を客観的に決めることがむずかし

い．また，最初と最後の部分のトレンドの推定が簡単ではなく，予測も困難である．本章で紹介するファジィトレンドモデルは，多項式回帰と移動平均法の中間に位置づけられるもので，多項式回帰より柔軟で，推論にも応用できるという利点がある．

ここではトレンドが時点の関数であるものと仮定し，$T_n = f(n)$ とおく．多項式回帰は，$f(n) = a_0 + a_1 n + a_2 n^2 + \cdots + a_p n^p$ を仮定する．$x_{1n} = n, ..., x_{pn} = n^p$ とおけば，重回帰分析における最小 2 乗法が直接適用できる．これに対してファジィトレンドモデルは，高木-菅野のファジィシステムを f に応用したものである．

7.2 ファジィトレンドモデル

観測される時系列の背後にある確率過程が定義される時間軸のファジィ分割を考える．簡単のために時点は任意の整数時点で与えられているものとする（$n = ..., -2, -1, 0, 1, 2, ...$ 観測されるのは $x_1, ..., x_N$）．

それぞれのファジィ集合のメンバシップ関数は，対称な山形の形状をしているものとして，その中心を a_k とする．a_k は整数であり，等間隔に並んでいると仮定する．すなわち，ある自然数 d が存在して

$$a_k = a_{k-1} + d \tag{7.2}$$

とする．a_k を中心としたファジィ区間を意味するファジィ集合を A_k，そのメンバシップ関数を μ_k とおく．このとき，μ_k は位置パラメータを除いて同じ形状を持つものと仮定する．すなわち

$$\mu_k(x) = \mu_{k-1}(x - d) \tag{7.3}$$

また，ファジィ分割を与えるものとしているので，任意の x について

$$\sum_k \mu_k(x) = 1 \tag{7.4}$$

さらに，

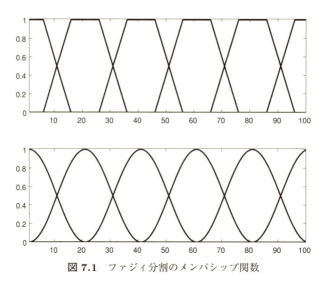

図 7.1 ファジィ分割のメンバシップ関数

$$\mu_k(a_k) = 1 \tag{7.5}$$

$$\mu_k(x) = 0 \ \ \text{if} \ \ |x - a_k| > d \tag{7.6}$$

とする．具体的には，図7.1のような，台形型またはコサイン型のメンバシップ関数で与えられるファジィ分割を考える．台形型の特別な場合が三角形型と長方形型であり，長方形型はファジィではないクリスプな区間への分割を意味する．

ファジィトレンドモデルを定義するファジィルール R_k は各ファジィ区間ごとに与えられ，

$$R_k: \text{If } n \text{ is } A_k, \text{ then } v_k(n) = \alpha_k + \beta_k(n - a_k) \tag{7.7}$$

とする．R_k は，各区間のトレンドが，局所的には a_k における高さが α_k で傾きが β_k であるような直線であることを意味している．最終的なトレンド T_n は

$$T_n = \sum_k \mu_{A_k}(n) v_k(n) \tag{7.8}$$

である．すなわち，区分線形のトレンドを連続的に接続したものがファジ

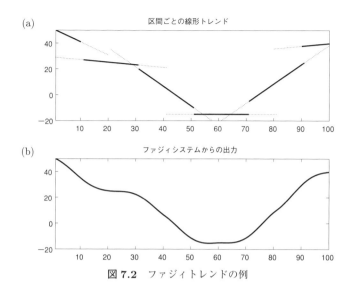

図 7.2 ファジィトレンドの例

ィトレンドとなる．α_k, β_k は観測されないので，潜在変数あるいは潜在過程と呼ぶ．

例を図 7.2 に示す．図 7.2(a) は，潜在変数で決まる各区間ごとの線形トレンドを，(b) はファジィシステムからの出力である T_n である．ここではメンバシップ関数 μ_k を次のコサイン型としている．

$$\mu_k(x) = \begin{cases} 0 & \text{if } x < a_k - d \\ \Big(\cos\big((x-a_k)\pi/d\big) + 1\Big)\Big/2 & \text{if } a_k - d \leq x \leq a_k + d \\ 0 & \text{if } a_k + d < x \end{cases} \quad (7.9)$$

特別な場合として，$\beta_k = 0$ とすることもある．これは，局所的な水準が変化するようなトレンドモデルとなり，週単位あるいは月単位で水準がほぼ一定と考えられるような日次データにふさわしい（[9] 参照）．さらにメンバシップ関数が長方形型でクリスプな分割のときは，階段関数型のトレンドとなる．

7.2.1 同定と推定

トレンドの推定は，ファジィトレンドモデルの場合，ファジィ分割を同定することと潜在過程 $\{\alpha_k, \beta_k\}$ を推定することによってなされる．

ファジィ分割を定めるメンバシップ関数はあらかじめ与えるものとする．実際は，いくつか与え，そのなかから適当な規準であてはまりのよいものを選択すればよい．また，ここでは $a_1 = 1$ と設定する．これについても，a_1 は整数値としているので，いくつかのなかからよいものを選択すればよい．もっとも重要な決定すべき値は，区間の幅に相当する d である．a_1 やメンバシップ関数の型については，同じ d に対しては残差平方和が小さくなるものを選択するという方法でよい．これに対して d は，どのような規準で選択すればよいかはあきらかではない．ここでは，誤差項の I_n にガウス型のホワイトノイズを想定した擬似的な尤度に基づく，擬似的な情報量規準を用いることとする．「擬似的」としているのは，実際は I_n がホワイトノイズであるとは限らず，平均 0 の定常な確率過程を想定することが多いからである．前述のとおり，情報量規準 AIC は，

$$\text{AIC} = -2 \cdot 最大対数尤度 + 2 \cdot パラメータ数 \tag{7.10}$$

である．一方，BIC と呼ばれる情報規準は，

$$\text{BIC} = -2 \cdot 最大対数尤度 + \log(N) \cdot パラメータ数 \tag{7.11}$$

で与えられる．ファジィトレンドモデルについては，AIC は小さい d を選択する傾向が強く，オーバーフィッティングになることが多く，BIC のほうが適当であるというシミュレーション結果が報告されている．

観測される系列を $x_1, ..., x_N$ として，$n = 1, ..., N$ をカバーするファジィ分割を $A_1, ..., A_K$ とする．N, d ともに自然数で $0 < d \leq N$ のとき，K は次式で与えられる．

$$K = \left\lceil \frac{N+d-1}{d} \right\rceil \tag{7.12}$$

ここで $\lceil x \rceil$ は，x 以上の最小の整数値を意味する．あるいは

7.2 ファジィトレンドモデル

$$K = \left\lfloor \frac{N + 2d - 2}{d} \right\rfloor \tag{7.13}$$

$\lfloor x \rfloor$ はガウス記号で，x 以下の最大の整数値を意味する．このとき，$N \leq a_K < N + d$ となる．

ファジィ AR モデルのときと同様，T_n は次のような行列表現を持つ．

$$\begin{pmatrix} T_1 \\ T_2 \\ \vdots \\ T_N \end{pmatrix} = B_T \begin{pmatrix} \alpha_1 \\ \beta_1 \\ \alpha_2 \\ \beta_2 \\ \vdots \\ \alpha_K \\ \beta_K \end{pmatrix} \tag{7.14}$$

ここで B_T は次のような $N \times 2K$ の行列である．

$$B_T = \begin{pmatrix} \nu_{1,1} & \nu_{1,2} & \cdots & \nu_{1,K} \\ \nu_{2,1} & \nu_{2,2} & \cdots & \nu_{2,K} \\ \vdots & \vdots & & \vdots \\ \nu_{N,1} & \nu_{N,2} & \cdots & \nu_{N,K} \end{pmatrix}, \tag{7.15}$$

$$\nu_{n,k} = (\mu_k(n) \quad n\mu_k(n)) \tag{7.16}$$

$y = (x_1, ..., x_N)'$, $u = (\alpha_1, \beta_1, ..., \alpha_K, \beta_K)'$, $\epsilon = (I_1, ..., I_N)'$ とおけば，$x_n = T_n + I_n$ より

$$y = B_T u + \epsilon \tag{7.17}$$

という行列表現が得られる．d が与えられると B_T が求まるので，通常の最小2乗法によって潜在過程のベクトル u を推定できる．ただし，ϵ はホワイトノイズの列とは限らないので，最小2乗法の最適性は保証されない．u の推定量を $\hat{u}$ とおけば，トレンドの推定量 $\hat{T}_n$ は次式によって得られる．

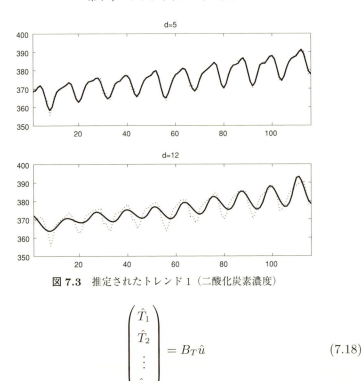

図 7.3 推定されたトレンド 1（二酸化炭素濃度）

$$\begin{pmatrix} \hat{T}_1 \\ \hat{T}_2 \\ \vdots \\ \hat{T}_N \end{pmatrix} = B_T \hat{u} \qquad (7.18)$$

推定においては，$a_K > N$ で $a_K - N$ が小のとき，最後の潜在変数 α_K, β_K の推定値が不安定になる．このような場合は，最後の区間をひとつ前の区間と併合し K をひとつ減らし，最後のメンバシップ関数を修正するといった工夫が必要である．

7.2.2 適用例

4.6 節で用いた二酸化炭素濃度のデータについてファジィトレンドモデルを適用した結果を示す．メンバシップ関数はコサイン型を用いた．$d = 5, 12$ について推定されたトレンドを図 7.3 に，$d = 24, 116$ の結果を図 7.4 に示す．このデータはあきらかに季節成分を含んでいるので，d を小さくすることによって季節成分を含んだトレンドが推定される．大きな d については，季節成分を含まない線形トレンドに近いものが得られる．

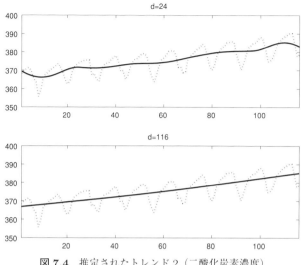

図 7.4 推定されたトレンド 2（二酸化炭素濃度）

情報量規準を用いてこのデータに対する d を選択すると，AIC, BIC ともに $d = 5$ となる．すなわち，季節成分を含んだトレンドが平均値関数として適当であろうという結果になっている．実際は季節成分とトレンドを分離することが望ましい．これについては次項で扱う．

7.2.3 季節成分を持つファジィトレンドモデル

季節成分が存在し，

$$x_n = T_n + S_n + I_n \tag{7.19}$$

とする．T_n, I_n は (7.1) と同じで，季節成分 S_n は決定論的であるとする．すなわち，ある自然数 p に対して

$$S_{n+p} = S_n \tag{7.20}$$

簡単のため，周期 p は既知であるとする．さらに，一般性を失うことなく

$$\sum_{n=1}^{p} S_n = 0 \tag{7.21}$$

と仮定する.

決定論的季節成分を有するファジィトレンドモデルは, (7.17) と同様, $y = (x_1, ..., x_N)'$, $u_T = (\alpha_1, \beta_1, ..., \alpha_K, \beta_K)'$, $u_S = (S_1, S_2, ..., S_p)'$, $\epsilon = (I_1, ..., I_N)'$ とおけば, $x_n = T_n + S_n + I_n$ より

$$y = B_T u_T + B_S u_S + \epsilon \tag{7.22}$$

という行列表現で表される. ここで行列 B_S は p 次元の単位行列を十分な数だけ縦に重ね, その上部から取り出した $N \times p$ の行列である. さらに条件 (7.21) より,

$$u_S = B_S^{(1)} \tilde{u}_S \tag{7.23}$$

と表すことができる. ここで $B_S^{(1)}$ は

$$B_S^{(1)} = \begin{pmatrix} 1 & 0 & 0 & \cdots & 0 \\ 0 & 1 & 0 & \cdots & 0 \\ 0 & 0 & 1 & \cdots & 0 \\ \vdots & \vdots & \vdots & & \vdots \\ 0 & 0 & 0 & \cdots & 1 \\ -1 & -1 & -1 & \cdots & -1 \end{pmatrix} \tag{7.24}$$

という $p \times (p-1)$ 行列で,

$$\tilde{u}_S = \begin{pmatrix} S_1 \\ S_2 \\ \vdots \\ S_{p-1} \end{pmatrix} \tag{7.25}$$

である. まとめると,

$$y = B_T u_T + B_S B_S^{(1)} \tilde{u}_S + \epsilon \tag{7.26}$$
$$= Bu + \epsilon \tag{7.27}$$

ただし

$$B = \begin{pmatrix} B_T & \tilde{B}_S \end{pmatrix} \tag{7.28}$$
$$\tilde{B}_S = B_S B_S^{(1)} \tag{7.29}$$
$$u = \begin{pmatrix} u_T \\ \tilde{u}_S \end{pmatrix} \tag{7.30}$$

となる.

季節成分を有するファジィトレンドモデル (7.26)-(7.30) において, B_T は未知, $\tilde{B}_S$ は既知の行列である. B_T は行列の大きさ自体が未知であるが, 季節成分のない場合のファジィトレンドモデルと同様, メンバシップ関数の型と d が与えられれば値が定まる行列である. B_T が与えられると, 潜在過程 u_T および季節成分 $\tilde{u}_S$ (結果として u_S) は最小 2 乗法によって推定することができる. したがって, 推定や同定については季節成分がない場合と同様に行うことができる.

7.2.4 季節成分のあるモデルの適用例

7.2.2 項と同じ, 二酸化炭素濃度の系列に対して季節成分を有するファジィトレンドモデルを適用した結果を紹介する.

月次データであり, 時系列の動きからもあきらかなように, $p = 12$ とする. モデル (7.19) をあてはめることによって得られたトレンドの推定値, およびトレンド + 季節成分 の推定値のグラフを図 7.5, 図 7.6 に示す. それぞれの (a) の実線がトレンド, (b) の実線がトレンド + 季節成分 の推定値を表している. 図 7.5 は, BIC で選択された $d = 72$ について, 図 7.6 は AIC で選択された $d = 38$ による結果である. この例については, $d = 38$ と $d = 72$ による結果に大きな違いはなく, パラメータ数がかなり小さくなる $d = 72$ で十分であろうと考えられる.

第7章 ファジィトレンドモデル

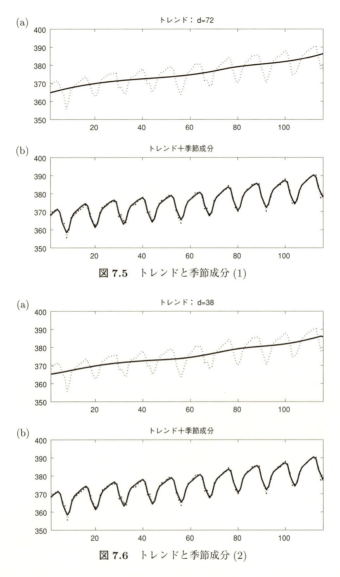

図 7.5 トレンドと季節成分 (1)

図 7.6 トレンドと季節成分 (2)

前述のとおり，ファジィトレンドモデルに関しては，AIC は比較的小さい d を選択する傾向が強く，パラメータ数の多いモデルを選択しがちであるというシミュレーション結果がある．ただし，AIC, BIC ともに擬似的なものであり，実証分析で d を決定する際は慎重に検討する必要が

あろう．また，探索的にトレンドの動きを知ろうという分析の段階では，意図的に小さな d を与えるということも考えられる．

7.2.5 多変量ファジィトレンドモデル

本書では一本の時系列を対象とした分析法やモデルについて扱ってきた．最後に，多変量時系列を対象にしたモデルについて簡単に触れる．

ファジィトレンドモデルについては，多変量モデルも提案されている．多変量時系列についてトレンドを問題にするときは，すべての系列に共通に含まれる共通トレンドと，独自のトレンドへの分解を考えることが多い．多変量ファジィトレンドモデルも，共通／独自トレンドモデルへの分解を可能とする．

多変量トレンドモデルについても，各系列に対して決定論的な季節成分を取り込むことは容易である．

多変量時系列の場合，各系列の大きさのばらつきが大きいとき，大きさをそろえないと共通トレンドとしてふさわしい系列が推定できないといった問題が生じる．通常の多変量解析では，平均値と標準偏差を用いた規準化を行うことによって大きさをそろえることができる．しかし時系列の場合，トレンドが存在するときは非定常過程となり，理論的な平均値の存在は仮定できない．したがって形式的に標本平均や標本分散を用いることはできるが，その妥当性は失われてしまう．ファジィトレンドモデルでは，そのような規準化を行うための重み付きファジィトレンドモデルも提案されている．

ここでは多変量モデルの詳細は省略し，ふたつの適用例を紹介する（詳細は [21] など）．

> **注意**
> 多変量時系列のトレンドが確率的である場合については，**共和分** (cointegration) という話題もある（[4] 参照）．共和分は，4.6 節最後の「注意」にある単位根検定と関連した，計量経済学における重要な問題となっている．

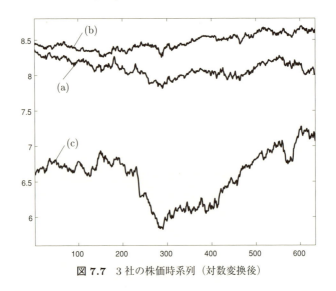

図 7.7 3 社の株価時系列（対数変換後）

●**株価のデータ**

図 7.7 は，同じ業種のある 3 社のある期間における株価の日次データを対数変換した系列である（対数変換した上で差分をとると，収益率と呼ばれるデータになるが，ここでは差分はとっていない）．図 7.7 からわかるように，1 社のみ規模が小さく，他の 2 社に比較し小さな値をとる系列となっている．

このデータに対し多変量ファジィトレンドを適用して推定された共通トレンドを図 7.8 に示す（独自トレンドは省略）．実線が共通トレンド，点線が原系列である．図 7.8 が示すように，レベルが異なる系列にその差を考慮しない多変量モデルをあてはめると，共通トレンドは各系列の間にくることになる．しかし，トレンドは各系列内の相対的な変動に情報が存在する可能性が高い．このような考え方のもとでは，図 7.8 の推定結果は，共通トレンドとして各系列の情報を十分に取り入れているとは言い難い．

そこで各系列に重みをかけるという重み付き多変量ファジィトレンドモデルを適用する．図 7.9 がその推定結果を示している．実線が共通トレンド，点線が原系列に重みをかけたものである．各系列の動きを総合して共通トレンドを推定している結果となっている．実線と点線の動きが乖離し

7.2 ファジィトレンドモデル

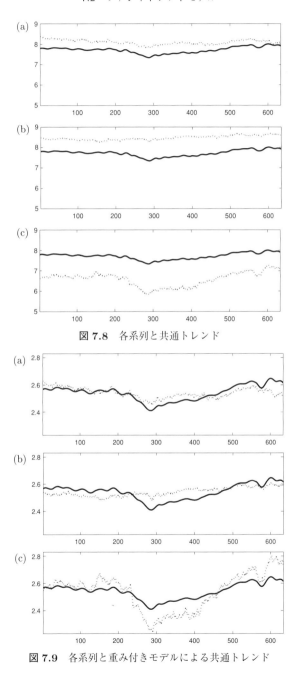

図 7.8 各系列と共通トレンド

図 7.9 各系列と重み付きモデルによる共通トレンド

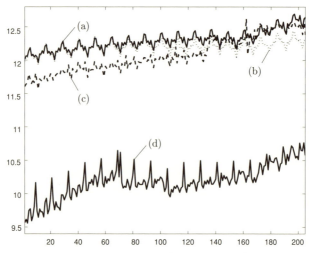

図 7.10 コンビニエンスストアの売り上げデータ（対数変換後）
出典：経済産業省ウェブサイト
(http://www.meti.go.jp/statistics/tyo/syoudou/result-2
/index.html)

ている部分は，独自トレンドに反映される．

　重みを付けるべきかどうかは，問題に応じて判断する必要がある．この例では，規模が小さい会社の値動きをトレンドに反映すべきかどうかで判断すればよい．なお，重みは制約条件を導入することによりデータから推定することができる．

●売り上げのデータ

　最後に，季節成分を有する多変量時系列の例を示す．

　図 7.10 は，コンビニエンスストアのある期間における 4 種の売り上げの日次データを対数変換したものである．あきらかに季節成分が存在している．

　各系列ごとに独自の決定論的季節成分の存在を仮定した重み付き多変量ファジィトレンドモデルによって推定された共通トレンドを図 7.11 に示す．共通トレンドにより全体の動きがわかる．特に，共通トレンドとの乖

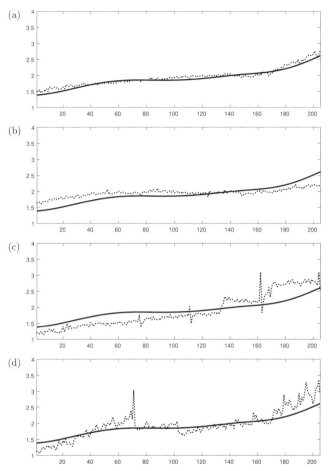

図 7.11　季節成分を除去した各系列と共通トレンド（重みを乗じた系列）

離が大きい時点では，何らかの特別な事情の存在が示唆される．また，独自トレンドを見ることによって種類ごとの個別の変動をとらえることが可能となる．

本章ではファジィシステムをトレンドモデルに応用した例を紹介した．前章を含め，ファジィシステムはいろいろな形で統計的手法に応用することが可能である．

参考文献

書 籍

[1] 坂和正敏 (1989)「ファジィ理論の基礎と応用」森北出版.
[2] 柴田里程 (2017)「時系列解析」（統計学 One Point 4）共立出版.
[3] 渡辺則生 (2003)「ソフトコンピューティングと時系列解析」CAP 出版.
[4] ブロックウェル・デイビス (2000)「入門 時系列解析と予測」CAP 出版（逸見・田中・宇佐見・渡辺訳, 原著: Brockwell, P. J. and Davis, R. A. (1996) *Introduction to Time Series and Forecasting*, Springer）.
[5] Negoita, C. V. and Ralescu, D. A. (1975) *Applications of Fuzzy Sets to Systems Analysis*, Birkhäuser Verlag.
[6] Priestley, M. B. (1988) *Non-linear and Non-stationary Time Series Analysis*, Academic Press.
[7] Tong, H. (1983) *Threshold Models in Non-linear Time Series Analysis* (Lecture Note in Statistics 21), Springer.
[8] Tong, H. (1990) *Non-linear Time Series: A Dynamical System Approach*, Oxford University Press.

論 文

[9] 桑原優美, 渡辺則生 (2008) ファジィトレンドモデルによる金融時系列データの解析, 知能と情報（日本知能情報ファジィ学会誌）, **20**, 2, 244-254.
[10] 渡辺則生, 今泉忠 (1991) ファジィデータの統計的モデル, 日本ファジィ学会誌, **3**, 4, 755-766.
[11] 渡辺則生 (1996a) Fuzzy randam variables and statistical inference, 日本ファジィ学会誌, **8**, 5, 908-917.
[12] 渡辺則生 (1996b) ファジィクラスタリングと局所的重み付き回帰によるファジィモデリング, 日本ファジィ学会誌, **8**, 5, 918-927.
[13] Kwakernaak, H. (1978) Fuzzy random variables― I. Definitions and theorems, *Information Sciences*, **15**, 1-29.
[14] Kwakernaak, H. (1979) Fuzzy random variables― II. Algorithms and examples for discrete case, *Information Sciences*, **17**, 253-278.
[15] Puri, M. L. and Ralescu, D. A.(1985) The concept of normality for fuzzy random variables, *Annals of Probability*, **13**, 1373-1379.

[16] Puri, M. L. and Ralescu, D. A.(1986) Fuzzy random variables, *J. Math. Anal. Appl.*, **114**, 409-422.

[17] Takagi, T. and Sugeno, M. (1985) Fuzzy identification of systems and its applications to modeling and control, *IEEE Trans. on Systems, Man, and Cybernetics*, **15**, 1, 116-132.

[18] Teräsvirta, T. (1994) Specification, estimation, and evaluation of smooth transition autoregressive models, *J. of American Stat. Assoc.*, **89**, 208-218.

[19] Tong, H. and Lim, K. S. (1980) Threshold autoregression, limit cycles and cyclical data, *J. of Royal Stat. Soc.* B, **42**, 3, 245-292.

[20] Tsay, R. S. (1989) Testing and modeling threshold autoregressive processes, *J. of American Statistical Association*, **84**, 231-240.

[21] Watanabe, E. and Watanabe, N. (2015) Weighted multivariate fuzzy trend model for seasonal time series, in *"Stochastic Modeling, Data Snalysis and Statistical Applications"* (L. Filus et al. eds.), 443-450, ISAST.

[22] Zadeh, L. A. (1965) Fuzzy sets, *Information and Control*, **8**, 3, 338-353.

[23] Zadeh, L. A. (2011) Fuzzy set theory and probability theory: what is the relationship? in *"International Encyclopedia of Statistical Science"* (Lovric, M. ed.), 563-566, Springer.

索 引

【欧字・数字】

AIC, 49, 50, 54, 84
ARMA モデル, 46
AR モデル, 47, 54
α-カット, 13
α-レベル集合, 14

BIC, 84

Canadian lynx, 59, 76
CO_2 データ, 51, 86, 89

FTAR モデル, 75

If-then ルール, 27

Mamdani による推論, 30
MA モデル, 47

Nelder-Mead 法, 70

SETAR モデル, 64

TAR モデル, 63, 64, 74

Zadeh による推論, 29

【ア行】

移動平均法, 48, 80
移動平均モデル, 47

【カ行】

ガウス過程, 45
カオス, 59
拡張原理, 16
確率過程, 44
確率的トレンド, 55
カナダオオヤマネコ, 59, 76
季節成分, 43, 48, 51, 88
季節調整, 48
共通トレンド, 91
強定常, 45
共和分, 91
均一分散, 64

区分線形, 74, 83
区分線形, 65, 67
クリスプ集合, 5
グレード, 6

決定論的, 59

合成, 25

【サ行】

最小 2 乗法, 42, 49, 70, 73
最尤法, 50, 71, 76

閾値モデル, 64
時系列の分解, 43, 51
自己回帰移動平均モデル, 46
自己回帰モデル, 47

自己共分散関数, 45
自己相関関数, 45
次数決定, 49, 54
指数平滑法, 51
弱定常, 45
重心法, 35
修正ロジスティック写像, 61
情報量規準, 49, 70, 84
初期値依存性, 59, 73

積集合, 10
線形過程, 58
線形性, 58
線形トレンド, 51, 83
潜在過程, 83

【タ行】

高木–菅野のファジィシステム, 36, 66
多項式回帰, 48, 80
多変量時系列, 91
多変量ファジィトレンドモデル, 91
単位根検定, 57

直積, 19

定常条件, 46

同定, 42, 49, 69, 84
独自トレンド, 91
ド・モルガンの法則, 11
トレンド, 43, 48, 51, 80

【ナ行】

二酸化炭素濃度, 51, 86, 89
ニューラルネットワーク, 67

【ハ行】

排中律, 13

バイリニアモデル, 63

非線形回帰モデル, 42, 63
非線形最適化, 70
非線形時系列, 58
非線形自己回帰モデル, 63, 67
非定常 AR モデル, 54
非ファジィ化, 35
標本自己共分散関数, 48
標本自己相関関数, 48

ファジィ If-then ルール, 28
ファジィ AR モデル, 66, 74, 77
ファジィ確率変数, 3, 16, 18
ファジィ関係, 23
ファジィ k-means 法, 2, 42, 70
ファジィ自己回帰モデル, 66
ファジィ事象, 2
ファジィ集合, 5
ファジィ数, 17
ファジィ制御, 34
ファジィ TAR モデル, 75
ファジィトレンドモデル, 81
ファジィ部分集合, 6
ファジィ分割, 41, 67, 81
ファジィ命題, 27
不均一分散, 64, 76
分解原理, 14

補集合, 9
ホワイトノイズ, 45

【マ行】

マックス限界積合成, 25
マックスミニ合成, 25

矛盾律, 13

メンバシップ関数, 6

【ヤ行】

尤度, 49, 50, 71
ユール・ウォーカー法, 49

予測, 51

【ラ行】

ランダム, 59

ランダムウォーク, 46

ロジスティック写像, 60
論理積, 10
論理和, 10

【ワ行】

和集合, 10

〈著者紹介〉

渡辺則生（わたなべ のりお）
1985 年　東京工業大学大学院総合理工学研究科システム科学専攻博士後期課程単位取得後退学
現　　在　中央大学理工学部 教授
　　　　　理学博士
専　　門　統計科学
主　　著　『ソフトコンピューティングと時系列解析』（シーエーピー出版，2003）

統計学 One Point 8
ファジィ時系列解析
Fuzzy Time Series Analysis

2018 年 7 月 15 日　初版 1 刷発行

著　者　渡辺則生　ⓒ 2018
発行者　南條光章
発行所　共立出版株式会社
〒112-0006
東京都文京区小日向 4-6-19
電話番号　03-3947-2511（代表）
振替口座　00110-2-57035
http://www.kyoritsu-pub.co.jp/

印　刷　大日本法令印刷
製　本　協栄製本

検印廃止
NDC 417.6, 410.9
ISBN 978-4-320-11259-9

一般社団法人
自然科学書協会
会員

Printed in Japan

JCOPY ＜出版者著作権管理機構委託出版物＞
本書の無断複製は著作権法上での例外を除き禁じられています．複製される場合は，そのつど事前に，出版者著作権管理機構（TEL：03-3513-6969，FAX：03-3513-6979，e-mail：info@jcopy.or.jp）の許諾を得てください．